数字图像处理技术与应用

王 岩 佡思维 著

中国纺织出版社有限公司

图书在版编目（CIP）数据

数字图像处理技术与应用 / 王岩，佡思维著 . -- 北京：中国纺织出版社有限公司，2022.12

ISBN 978-7-5180-9968-9

Ⅰ. ①数… Ⅱ. ①王… ②佡… Ⅲ. ①数字图像处理 Ⅳ. ①TN911.73

中国版本图书馆 CIP 数据核字（2022）第 248472 号

责任编辑：柳华君　　责任校对：王蕙莹　　责任印制：储志伟

中国纺织出版社有限公司出版发行
地址：北京市朝阳区百子湾东里 A407 号楼　邮政编码：100124
销售电话：010—67004422　传真：010—87155801
http://www.c-textilep.com
中国纺织出版社天猫旗舰店
官方微博 http://weibo.com/2119887771
三河市宏盛印务有限公司印刷　各地新华书店经销
2022 年 12 月第 1 版第 1 次印刷
开本：787 × 1092　1/16　印张：10.75
字数：205 千字　定价：98.00 元

前　言

数字图像处理技术以二维数据为信息源，对图像信号进行技术处理，以此来提升视觉图像效果。数字图像在信号采集、识别、处理及转换等方面优势突出，应用领域广泛。如在航天领域，通过卫星、航天器拍摄的航天图像，转换为数字信号并传输到地面设备，由技术人员进行图像提取、分析、增强、分割等处理，以此来获得最佳的成像质量，为开展科学规划、建设、勘探提供影像指导；在通信领域，数字图像处理技术在数字通信、网络通信、光纤通信中，以图像信号的产生、传输、交换、处理为主要方式，通过变换编码、熵编码等技术来优化图像信号，提高数据传输速率和质量；在科技文化艺术领域，数字图像处理技术广泛应用于影视、游戏画面编辑与创新设计中。

随着数字成像设备、数字图像传感器的广泛应用，数字图像处理技术也得到了快速发展。数字图像处理的特点表现在四个方面。一是能够确保图像输入输出一致。在模拟图像处理中，技术的应用可能会降低图像质量，而数字图像却能够保证输入输出的一致性。二是数字图像的处理精度更高。数字图像建立在二维数据基础上，可以实现图像像素的多级处理，如16级、32级、64级。在传统图像处理中，因考虑像素位数的处理难度，往往降低图像精度。数字图像在处理时，可以不受数组、像素位数的局限，从而获得更高的图像精度。三是应用范围广。数字图像包括多种类型的图像，如可见光图像、X射线图像、超声波图像、红外线图像等。四是灵活度高。在处理方式上可以对数字图像进行多种类型的转换。数字图像可以实现非线性处理，利用数字技术来分析图像逻辑关系，进而实现图像的压缩、复原、匹配、描述、识别等。在数字图像处理应用中，主要包括四个阶段。一是对图像进行数字化处理，根据不同的应用领域，借助于采集设备来获得数字图像数据，并将之转存到图像数据模块，这一阶段的图像数据基本元素为像素。二是对图像数据进行编码处理，编码的主要目标在于确保图像质量，通过合理的压缩编码，来优化图像数据格式及要求，以满足传输、存储等需要。三是对图像的恢复处理。恢复图像主要是为了改善数据“退化”现象，通过恢复处理来获得更为完整的图像数据。图像退化比如离焦、光学系统像差等。四是图像分割，根据需要来划分图像。如将图像像素注入指定区域；寻找图像区域结果，提前有价值的图像信息等。

随着大数据、人工智能等新型技术的应用，数字图像处理技术也获得了更大的发展。通过分析图像处理技术，可以实现图像数据信息的压缩、复原、分割等。图像增强是图像处理的重要内容，在图像增强处理中要结合数字图像类型、特点及要求，把握好整体与局部特征的关系，选择合适的增强处理技术，以此来提升图像质量，满足特殊分析需要。本书共分为八章，内容深入浅出、理论与实践并重，系统地介绍了数字图像处理的理论框架、数字图像处理的基础知识、图像分割的方法、图像变换处理技术及应用、图像增强技术及应用、图像复原技术及应用、图像融合的技术及应用、图像处理中的数学形态学等内容。

王岩

2023 年 10 月

目　录

第一章　数字图像处理的理论框架

第一节　数字图像处理的概念

一、数字图像处理发展

数字图像处理(Digital Image Processing)是用计算机对图像信息进行处理的一门技术，是利用计算机对图像进行各种处理的技术和方法。

20 世纪 20 年代，图像处理首次得到应用。20 世纪 60 年代中期，随着电子计算机的发展图像处理得到普遍应用。60 年代末，图像处理技术不断完善，逐渐成为一个新兴学科。利用数字图像处理主要是为了修改图形，改善图像质量，或是从图像中提取有效信息，还有利用数字图像处理可以对图像进行体积压缩，便于传输和保存。数字图像处理主要研究以下内容：傅里叶变换、小波变换等各种图像变换，对图像进行编码和压缩，采用各种方法对图像进行复原和增强，对图像进行分割、描述和识别等。随着技术的发展，数字图像处理主要应用于通信技术、宇宙探索遥感技术和生物工程等领域。

二、图像处理和识别技术概述

计算机图像处理和识别主要是在进行图像采集后再进行，其中，图像处理的过程主要包括灰度化、二值化、去噪、倾斜度校正、字符切割和归一化；图像识别的过程主要包括提取字符特征、样本训练和识别。

计算机图像处理和识别技术与人类的图像识别具有较高的相似度，人们在进行图像识别时，通常要对图像内容的颜色、形状和大小进行直观感受，将信号传递给大脑神经系统，从而进一步实现图像信息的提取；计算机图像处理和识别则主要通过将计算机神经网络中枢转变为系统存储的方式来实现对图像的处理和识别。但在具体应用中，由于计算机缺乏人类的直观感受能力，因此会导致图像处理与识别的结果缺乏主观性，其识别结果通常会与人们的识别结果有一定的差别。

三、数字图像处理研究范围

（一）研究范围

图像是进行信息交换和信息接收的重要方式，涉及我们生活中的各个方面，因此对于计算机图像的处理和识别技术也与我们的生活联系密切。计算机图像处理和识别技术需要用到形态数学、集合论和立体学等知识，从而利用模拟技术、光学技术来完成对图像的高效处理和精确识别，其研究范围主要涉及以下 6 个方面。

1. 图像的数字化

图像的数字化主要是以数字的形式来实现对光学图像的表达，数字信号具有精确度高和不易失真的特性，能够使得图像内容在保持完整的同时，让计算机进行精确地处理。

2. 图像的编码

主要是指通过对图像进行合理的编码，能够进一步简化图像信息，从而确保在传输时图像信息能够实现良好的压缩。由于在图像编码期间，部分冗余的图像信息会对编码工作产生干扰，因此相关编码人员要做好对冗余图像的清除处理，从而提高编码的准确率。

3. 图像的分析

图像的分析主要是指对图像产生的看法和对图像信息传达意义的探究。

4. 图像的增强

通过对图像信息中的信号进行放大，从而实现图像效果的提升，使得图像更加清晰，更容易识别。

5. 图像的恢复

主要是指利用 AI 修复技术，将因传输、压缩和处理不当导致的已经模糊和退化的图像进行复原的操作。

6. 图像的重建

主要是指对三维图像的立体结构进行解构，并以二维图像的形式表现出来，通过对二维图像的结构进行修复和完善，从而实现三维图像重新建立的过程。

（二）需要用到的基本概念

1. 设备分辨率

设备分辨率又称为输出分辨率，主要指所有输出设备在每英寸图像上能够产生的点数，主要包括显示器屏幕分辨率、打印机分辨率和扫描仪分辨率等。

2. 屏幕分辨率

屏幕分辨率主要是指能够在显示屏幕上通过肉眼观察图像所分辨出来的程度，通常屏幕分辨率的大小都由计算机的显卡来决定。分辨率的大小主要由像素之宽和像素之高的乘积表示，例如，一块显卡的像素宽为 1024 点，像素高为 768 点，则屏幕分辨率将表示为 1024 × 768。

3. 打印机分辨率

主要指打印机进行打印的极限能力，能够决定输出的质量效果。

4. 扫描仪分辨率

主要指扫描仪的极限解析能力，与输出的质量效果也具有一定关联。

5. 图像分辨率

图像的分辨率主要指在图像中存储信息的量，与图像的尺寸共同决定了图像文件在具体输出中的大小和质量，通常用每英寸的像素量来衡量输出图像文件的质量。

6. 网屏分辨率

网屏分辨率又称为网屏频率，与灰度和分色相关，主要是指在灰度图像打印或分色图像打印中使用的网屏中每英寸所承载的点数。

7. 位分辨率

位分辨率又称为位深，是衡量图像像素存储信息位数的主要方式，能够决定在屏幕上每次显示颜色的种类。

第二节　数字图像处理术语

一、图像处理的术语

（一）分辨率

图像分辨率单位是“像素 / 英寸”即 PPI(Pixels Per Inch)，意思是每英寸所包含的像素量。图像分辨率（ Dots Per Inch，DPI ）越高，意味着每英寸所包含的像素越多，图像的细节就越多，颜色过渡就越平滑。

（二）正确的分辨率

为确保照片扫描图像和其他点阵图片有合适的分辨率，保证输出文件的质量，以下列出了不同输出媒介的标准输出格式的分辨率。

1. 网页

网页分辨率采用 72DPI，当你为网页缩放图像尺寸时，最好忽略 Photoshop 中 Resize Image 对话框中的 Print Size 部分，只要用像素工作即可。

2. 报纸

报纸采用的扫描分辨率为 125 ~ 170DPI。针对印刷品图像，设置的分辨率为印刷网线（ LPI ）的 1.5 ~ 2 倍（报纸印刷网线为 85LPI ）。

3. 杂志 / 宣传品

杂志 / 宣传品采用的扫描分辨率为 300DPI，因为杂志印刷网线采用 133 或 150LPI。

4. 书籍

高品质书籍采用的扫描分辨率为 350 ~ 400DPI，而大多数印刷精美的书籍印刷时采用的印刷网线为 175 ~ 200LPI。

5. 灯箱 / 海报

宽幅面打印采用的扫描分辨率为 75 ~ 150DPI，对于远看的大幅面图像（如灯箱、海报）低的扫描分辨率是可以接受的，具体的数值主要取决于观看的距离。

（三）色彩模式

在 Photoshop 中，了解模式的概念是很重要的，因为色彩模式决定显示和打印电子图像的色彩模型（简单地说，色彩模型是用于表现色彩的一种数学算法），即一幅电子图像用什么样的方式在计算机中显示和打印输出。

1. HSB 模式

HSB 模式是基于人眼对色彩的观察来定义的，在此模式中，所有颜色都用色相、饱和度和亮度 3 个特性来描述。

2. RGB 模式

RGB 模式是基于自然界的 3 种基色光混合原理，将红（R）、绿（G）、蓝（B）3 种基色按照从 0（黑色）到 255（白色）的亮度值在每一个色阶中分配，指定其色彩。

3. CMYK 模式

CMYK 模式是一种印刷模式，其中，四个字母分别为青（C）、洋红（M）、黄（Y）、黑色（K），代表印刷中四种颜色的油墨。

4. Lab 模式

Lab 模式的原型是由 CIE 协会在 1931 年制定的一个衡量颜色的标准，在 1976 年被重新定义并命名为 CIELab。

5. 位图（Bitmap）模式

位图模式包含两种颜色，所以其图像也叫作黑白图像。

6. 灰度（Grayscale）

灰度模式可以使用多达 256 级的灰度来表示图像，使图像的过渡更平滑细腻。

7. 索引颜色模式（IndexedColor）

索引颜色模式是网上和动画中常用的图像模式，彩色图像转换为索引颜色模式后包含 256 种颜色。

（四）灰度

灰度使用黑色调表示物体，即用黑色为基准色，不同饱和度的黑色来显示图像。每个灰度对象都具有从 0（白色）到 100%（黑色）的亮度值。使用黑白或灰度扫描仪生成的图像通常以灰度显示。

在计算机领域中，灰度（Grayscale）数字图像是每个像素只有一个采样颜色的图像。

这类图像通常显示为从最暗黑色到最亮的白色的灰度，尽管理论上讲这个采样可以是任何颜色的不同深浅，甚至可以是不同亮度上的不同颜色。灰度图像与黑白图像不同，在计算机图像领域中黑白图像只有黑白两种颜色，灰度图像在黑色与白色之间还有许多级的颜色深度。

（五）明度

明度是眼睛对光源和物体表面的明暗程度的感觉，主要是由光线强弱决定的一种视觉经验。

明度不仅取决于物体照明程度，还取决于物体表面的反射系数。如果我们看到的光线来源于光源，那么明度决定于光源的强度。如果我们看到的是来源于物体表面反射的光线，那么明度决定于照明的光源的强度和物体表面的反射系数。

简单来说，明度可以简单理解为颜色的亮度，不同的颜色具有不同的明度，例如黄色就比蓝色的明度高，在一个画面中如何安排不同明度的色块也可以帮助表达画作的感情，如果天空比地面明度低，就会产生压抑的感觉。任何色彩都存在明暗变化。其中黄色明度最高，紫色明度最低，绿、红、蓝、橙的明度相近，为中间明度。另外，在同一色相的明度中还存在深浅的变化。如绿色中由浅到深有粉绿、淡绿、翠绿等明度变化。

（六）饱和度

饱和度是指色彩的鲜艳程度，也称色彩的纯度。饱和度取决于该色中含色成分和消色成分（灰色）的比例。含色成分越大，饱和度越大；消色成分越大，饱和度越小。纯的颜色都是高度饱和的，如鲜红、鲜绿。混杂上白色，灰色或其他色调的颜色，是不饱和的颜色，如绛紫，粉红，黄褐等。完全不饱和的颜色根本没有色调，如黑白之间的各种灰色。

二、数字图像处理技术的常见术语

（一）图像增强

图像增强是为了提高图像的质量、提高图像的清晰度等。

它是按照特定的要求突出图像中某一部分的信息，同时削弱或去除某些不需要的信息处理方法。其主要目的是使处理过后的图像对某种应用来说更加适用。直方图修改处理、图像平滑化处理、图像尖锐化处理及彩色处理技术等是目前图像增强的方法。

（二）图像复原

图像复原与图像增强的目的是相同的，都是为了提高图像的质量。有所不同的是，图像增强是在原有的画质上进行提高，而图像复原则是在质量下降的图像中对其进行图像的恢复。

利用消除或减少图像的模糊、图像的烦扰和噪声等，尽可能地获得原来真实的图像。要想对图像进行复原，首先要弄清图像退化的原因，分析引起退化的因素，建立相应的数学模型，用恰当的方法来对图像进行复原。

（三）图像编码

图像编码压缩技术是为了在保证图像质量的前提下，对图像进行压缩。如果不对图像数据进行压缩的话，计算机的处理速度等都会受到影响。会产生很多的不匹配，使得矛盾无法缓解。如果将图像信号压缩的话，将对图像的传输和存储十分有利。在现有硬件设施条件下，对图像信号本身进行压缩是解决矛盾和不匹配的出路。利用压缩技术可以减少图像的数据量，以便节省图像传输、处理时间和减少所占用的存储器容量。

（四）图像识别

图像识别属于模式识别的范畴，其主要内容是图像经过某些预处理后，进行图像分割和特征的提取，从而进行判决分类。统计模式分类和结构模式分类是常用的模式识别方法。

（五）图像分割

图像分割是图像处理中最关键的技术之一，常用的分割方法分别是基于区域的分割方法和基于边缘的分割方法。基于区域的分割方法顾名思义就是将图像分割成若干不重叠的区域，各区域内存在某种相似性，使得各区域内的相似性大于区域间特征的相似性。基于边缘的分割方法则是首先检验出图像的局部存在间断，然后将间断的部分连成一个边界，而这些边界又把图像分为不同区域。

（六）图像分析

用图像分割的方法从图像中抽取有用的信息，以得到某种数值结果，从而建立对图像的客观描述。这种描述不仅能对图像中是否存在某一特定对象做出回答，还能对图像内容做出详细的描述。

（七）图像数字化

通过取样和量化将一个以自然形式存在的图像变换为适合计算机处理的数字形式，图像在计算机内部被表示为一个数字矩阵，矩阵中每一元素被称为像素。

第三节　数字图像处理的常用办法

随着数字技术的发展，图像自然而然地利用技术发展出了新的形式——数字图像。最早的数字图像是从程序语言的编写中出现的，由于其发展进程顺应科技前进的方向，并且它拥有极高的辨识度和强烈的信息传达张力，数字图像迅速地扩张到社会生活的各个行业和领域，艺术领域也不例外。在这之后，数字图像对图像艺术领域产生了巨大的影响，甚至自成一派的发展、传播，随之也形成了数字图像其独具的特征和审美内涵。

一、数字技术生产数字图像的主要手段

数字技术应用于图像的生产，关于表现内容的方面，大体上主要有两类：一类是传统图像的数字化，另一类是数字技术创造图像。针对不同的创作内容和目的，数字技术生产图像的手段也分为采样、复制、编辑等多种形式。通过对数字图像生成的主要手段进行分析，以窥探数字化时代图像艺术的生存现状。

首先要谈到数字化采样技术，采样技术实则是对于真实世界的解构。采样设备主要有两个类型：一是数字图像的拍摄设备，如全景照相机、数码相机等；二是数字图像的扫描设备，如平面扫描仪、三维扫描仪等。采样设备大致通过以上这两种形式将生活中的场景直接转化为数字图像。

关于数字图像拍摄设备这一类，如数码相机是如今人们运用数字技术创造图像最为主要和便捷的方式，在数字技术出现之前，人们使用胶卷作为媒介去呈现照片，这使得作为采样工具的照相机在拍摄和成像时需要两个相对独立的部件进行配合才能完成工作，而对于日常生活中那些非艺术创作型的记录式拍照而言，胶卷的大量消耗是不可逆的，这会令使用者十分懊恼的一个问题，而数字图像拍摄设备就从源头上打消了使用者的顾虑，图像采用数字化媒介在采样、储存、传输和呈现的整个流程中都显得便捷和轻盈。数码相机随着人们对数字化图像的追捧而变得炙手可热，其品牌和型号更是鳞次栉比，就当前依然活跃在市场的品牌就有尼康、佳能、徕卡等，这些品牌生产的各类相机便承担了市场上主要的拍摄任务，这也成了数字技术生产数字图像的主要手段。

另外的一类采样技术是数字扫描设备，通过数字图像扫描设备我们可以将传统图像极其容易地转化成数字编码，然后在终端设备上进行数字化呈现。数字扫描技术主要用于传统图像的数字化，其工作原理是将强光照向物理图像，利用物体都会吸收特定的光波，而将没被吸收的光波反射出去的原理，将没有被吸收的光线反射到光学感应器上，光感应器接收到这些信号后，将这些信号传送到模数（A/D）转换器，模数转换器再将其转换成计算机能读取的信号，然后通过驱动程序转换成显示器上能看到的正确图像，就完成了物理图像的数字化转换。扫描仪器的使用为传统图像的数字化转型提供了一条通路，使得数字技术出现前利用其他手段展示的丰富图像艺术得以数字化呈现，这在极大丰富数字图像艺术的同时，也打破了物理图像与虚拟图像的隔阂，同时逐步解构人们对真实生活的认识。人们在实践中想要利用工具更加全面地认识和把握世界，数字化设备便成为人们现代化生活的重要工具。就图像而言，无论是其涵盖的信息还是艺术魅力都是人们想要不断获取的，面对这样的需求，人们不断地思索更多途径和更好的体验去感受图像艺术，在这一过程中自然离不开数字技术的使用。随着数字技术与图像艺术的关系日益密切，其中技术与艺术结合的矛盾也会彰显，同时也会被人们慢慢消解，就如更高性能的数字扫描设备一定会被人们更合操作性的使用要求所召唤。随着数字图像的开发，无论是在数字图像生发的哪个环节，都会因图像艺术本身的美学要求和数字技术发展的既定功能价值而变得更加合目的性。人的审美追求和创作体验会驱使数字化采样设备的功能走向集合统一，例如，良田科技自主研发生产的快速扫描仪，便可以一体实现扫描、拍照、录像和复印等操作。另外，智能终端已经发展到可以搭载各式的软件以实现近乎专业级效果的阶段。比如，软件 CamScanner(全能扫描王)，便可以使能够搭载使用这款软件的智能终端变成一个专业级的扫描仪，通过一系列智慧准确的图像增强算法，高效清晰地完成数字化扫描。

其次，需要关注的是数字储存与编辑技术对于真实世界的重构的方面，编辑与储存数字图像是图像数字信息的基本存在形式，比如，数字图像的压缩储存、编辑软件对数字图像的再创造以及数字图形图像在交互界面中的原生组件状态。通过各式的数字储存与编辑技术，人们从而完善对图像场景的真实重构。

各式各样的数字图像通过采样、复制、编辑等各式手段成形，并汇集成更为广阔的图像“海洋”，数字技术对原有图像生态的解构和重建，逐步影响到人们获取信息和欣赏世界的方式以及途径。数字图像裹挟大量的信息，运用多种媒介掌控着大众视野，作为客体的图像艺术和作为主体的观赏者之间的关系发生着转换，在与人交互的过程中，数字图像因为占据诸多要素而趋于主动，如同鲍德里亚早在 20 世纪 80 年代《致命的策略》中就预见了这种客体的逆转。所以，数字技术正颠覆着人对视像世界的理解，它所展示出的拟像世界，正构建人们生活的新秩序。数字化技术生成的图像自然就具有依赖技术这些原生特征，承载设备条件和软件开发程度是数字图像制作的决定性指标，在很大程度上，数字技术的展示手段就直接与图像艺术的呈现样式相关联。

综上所述，任何作用于数字图像的艺术巧思都需要以对应的数字技术手段的成熟为前提才能得以实现。

二、数字技术处理数字图像的几种途径

数字技术与图像的关系体现在数字技术对图像内容的加工处理上，凭借计算机数字图像处理技术，可以方便地对图像进行数字化处理，在数字技术条件下对图像有几种途径的处理，例如，图像压缩以及图像增强和图像复原等。

图像压缩，也称图像编码，是指在满足一定质量（信噪比的要求或主观评价得分）的条件下，以较少的比特数表示图像或图像中所包含信息的技术。在这一处理技术的支撑下对图像艺术产生了巨大影响，可以说图像艺术在数字化时代的传播，无不涉及图像的编码过程，近年来，图像编辑软件的普遍使用更是技术走进生活的实例，编辑软件可以对图像各项参数进行直接调试，是图像艺术化加工的一个重要前提手段。

因为数字图像的本质是经过编码处理可以被计算器识别的一套数字信号，这样一来，掌握其运行规则的人就可以按照需要以数字化方式来处理图像，数字图像因此具备了强大的生命活力，也焕发了灵活性。简单可见，以绘画来举例，数字化技术出现之前，人们想要对一幅画作进行修改，就只能选择重新描摹或者直接在原作上涂改，然而经由数

字化处理的图画，可以通过任意复制粘贴，或者对图画进行随意修改，再加上随着人们对数字技术的应用与研发不断进行，更多的软件辅助手段，使我们从图像的编码到编辑处理方面都能够全方位地把握和掌控数字图像。

图像数字化是将连续色调的模拟图像经采样量化后转换成数字影像的过程，要认识图像的数字化，首先就要明白模拟图像和数字图像关于反应对象的区别，例如，胶卷拍出的相片就是模拟图像，它的特点是空间连续，是信号值不分等级的图像，而可被计算器识别的数字图像在空间上被分割成离散像素，信号值分为有限个等级，用数字 0 和 1 表示的图像。广义上图像处理技术一般包括图像压缩、增强和复原、匹配和识别三个部分，而实现图像处理的办法根据呈现图像的不同的环节更是大致具有图像变化、图像编码压缩、图像增强和复原、图像分割、图像分类（识别）等多种手段。我们将以图像的增强和复原以及数字化图像编辑软件的使用来举例，描述数字技术手段处理图像的具体操作。

图像增强处理和图像复原技术是数字图像处理的一种主要方法。在实际生活中，图像创作可能会因拍摄环境恶劣、传输噪声引入等干预因素导致图像质量降低，这样就需要一些处理手段对图像进行有针对性的改善，这样的处理不仅能让图像含有的信息较为完全地还原在看客的眼前，而且对于图像原本的信息表达还能进行一定的增强，令其可以更加适应现代科技的潮流。图像增强和图像复原是图像处理的两种手段，两者既有区别，又有一定的联系。联系在于两者都是对图像的后期处理，都是利用现代科技手段对图像进行显示上的增强，属于现代技术的范畴。而两者又有一定的区别，图像增强是利用一定的手段，在不考虑真实的情况下，有意识地对图像进行后期处理，这样的处理，可能是出于不同的目的，进行不同形式的图像增强，这就是指图像增强的同时，是有目的地作为处理图像的导向的，同一张图片，可能会有不同的图像增强方式，以此来达到不同的图像增强目的。因此，图像增强具有一定的随意性，是一种有针对、有目的的后期处理行为，例如，一些广告文案，利用图像增强这种后期手段，将原来有些不明确的信息做放大处理，使看客可以更好地注意到文案上面想要展示的信息。因此，图像增强是在计算机上对数字图像进行一系列主观性创造的行为及其手段，也是图像的数字转化，尤其是图像艺术在数字化空间中展现的不可或缺的技术手段。

而图像复原和图像增强在功用上则大为不同，图像复原是一种常规的后期图像处理手段，图像复原的最终目的是“复原”，是一种考虑到失真的后期处理，图像还原针对图像丢失的具体原因进行有针对性的处理，在保持图像原貌的前提下，尽可能地完成图像像素的还原，具体地说，就是提升图像的清晰度，还原图像的色彩，不冲突像素好的部分，等等，这样处理后的图片是最“真实”的图片，是最好原样的图片。图片还原不具有随意性，是一种普遍的、模式上的图片后期处理行为，例如，一些前期拍摄不好的图片，就可以图片复原的方式，还原目标图片中的关键信息和数据。不论是图像增强还是图像复原，都是现代后期处理技术，对艺术图像的数字技术增强都起到了重要的作用。

其次，我们在关注数字化图像编辑软件的使用时可以较为生动具体地洞察数字化图像艺术的处理规则。数字化图像编辑软件涉及图像处理手段中常用的工具，图像在前期录入生成后，需要借助一定的工具才能完成图像的后期处理。因此，图像编辑软件对图像后期处理起着十分重要的作用。

图像编辑软件的种类有很多，例如，CROWDRAW、PHOTOSHOP 等，虽然都有自己的优势，但都有一些相同的特征：第一，图像处理软件都偏向于多层次的形态，现如今的图像处理软件，都是在简要的基础上加上一些复杂的功能，在便捷的操作之后加入一些较为深刻的理念，这就让这些软件变得大众化。让刚接触数字图像的使用者可以体会到处理图片的快乐，而专业的使用者可以进而开发其隐藏的功能，适应很多专业场景的应用。第二，图像处理软件可以与输入装置直接连接，在绘图及修正的时候都可以用手直接对数字图像进行修正，一来可以专注于细节的整合，二来还可以直接绘出数字图像，让绘图者和数字图像可以形成连通，这有利于数字图像的发展。第三，图像处理软件不断更新迭代，这样可以在数字技术进展的阶段很好地适应时代的潮流。

利用数字化图像编辑软件，使全民参与到了数字空间的建构和“打扮”之中，数字技术在被人使用的过程中不断被调试，从而更加符合人们的使用习惯，而数字技术的发展将会使技术变得隐形，数字装备和功能不再作为工具被人使用，而是作为人的一种能力并从更多方面与人融合。目前，图像编辑软件已是普通用户参与数字化图像艺术创作的最基本的工具，人们从拍摄—上传转变为拍摄—编辑—上传，中间的编辑步骤便是人们发挥主观能动性和艺术创造力及参与图像艺术创作的重要环节，通过这个环节使人们有更多追逐和欣赏乃至创造美的可能，图像编辑软件的大量使用是数字图像向数字图像艺术飞跃的重要一步，因此，图像编辑软件的研发和推广具有工具性的重要意义。

三、MATLAB 基本知识介绍

（一）MATLAB 的概述

MATLAB 是 Matrix Laboratory（“矩阵实验室”）的缩写，是由美国 MathWorks 公司开发的集数值计算、符号计算和图形可视化三大基本功能于一体的、功能强大、操作简单的语言，是国际公认的优秀数学应用软件之一。

MATLAB 是一种以矩阵为基本变量单元的可视化程序设计语言，语法结构简单，数据类型单一，命令表达方式接近常用的数学公式，故 MATLAB 不仅能免去大量的经常重复的基本数学运算，而且其编译和执行速度都远远超过采用 C 和 Fortran 语言设计的程序。可以说，MATLAB 在科学计算与工程应用方面的编程效率远远高于其他高级语言。

MATLAB 有包括数百个内部函数的主包和三十几种工具包（Toolbox）。工具包又可以分为功能性工具包和学科工具包，功能性工具包用来扩充 MATLAB 的符号计算，可视化建模仿真，文字处理及实时控制等功能。学科工具包是专业性比较强的工具包，控制

工具包、信号处理工具包、通信工具包等都属于此类。

开放性使 MATLAB 广受用户欢迎，除内部函数外，所有 MATLAB 主包文件和各种工具包都是可读可修改的文件，用户通过对源程序的修改或加入自己编写程序构造新的专用工具包。

（二）MATLAB 产生的历史背景

在 20 世纪 70 年代中期，Cleve Moler 博士和其同事在美国国家科学基金的资助下开发了调用 EISPACK 和 LINPACK 的 FORTRAN 子程序库，EISPACK 是特征值求解的 FOETRAN 程序库，LINPACK 是解线性方程的程序库。在当时，这两个程序库代表矩阵运算的最高水平。

到 20 世纪 70 年代后期，身为美国 New Mexico 大学计算机系系主任的 Cleve Moler，在给学生讲授线性代数课程时，想教学生使用 EISPACK 和 LINPACK 程序库，但他发现学生用 FORTRAN 编写接口程序很费时间，于是，他开始自己动手，利用业余时间为学生编写 EISPACK 和 LINPACK 的接口程序。Cleve Moler 给这个接口程序取名为 MATLAB，改名为矩阵（matrix）和实验室（labotatory）两个英文单词的前三个字母组合。在以后的数年里，MATLAB 在多所大学里作为教学辅助软件使用，并作为面向大众的免费软件广为流传。

1983 年春天，Cleve Moler 到 Standford 大学讲学，MATLAB 深深吸引了工程师 John Little。John Little 敏锐地觉察到 MATLAB 在工程领域的广阔前景。同年，他和 Cleve Moler，Steve Bangert 一起，用 C 语言开发了第二代专业版。这一代的 MATLAB 语言同时具备了数值计算和数据图示化的功能。

1984 年，Cleve Moler 和 John Little 成立了 Math Works 公司，正式把 MATLAB 推向市场，并继续进行 MATLAB 的研究和开发。

在当今 30 多个数学类科技应用软件中，就软件数学处理的原始内核而言，可分为两大类：一类是数值计算型软件，如 MATLAB，Xmath，Gauss 等，这类软件长于数值计算，对处理大批数据效率高；另一类是数学分析型软件，Mathematica，Maple 等，这类软件以符号计算见长，能给出解析解和任意精确解，其缺点是处理大量数据时效率较低。Mathworks 公司顺应多功能需求之潮流，在其卓越数值计算和图示能力的基础上，又率先在专业水平上开拓了其符号计算、文字处理、可视化建模和实时控制能力，开发了适合多学科、多部门要求的新一代科技应用软件 MATLAB。经过多年的国际竞争，MATLAB 已经占据了数值软件市场的主导地位。

在 MATLAB 进入市场前，国际上的许多软件包都是直接以 FORTRAN、C 语言等编程语言开发的。这种软件的缺点是使用面窄、接口简陋，程序结构不开放以及没有标准的基库，很难适应各学科的最新发展，因而很难推广。MATLAB 的出现，为各国科学家开发学科软件提供了新的基础。在 MATLAB 问世不久的 20 世纪 80 年代中期，原来控制领域里的一些软件包纷纷被淘汰或在 MATLAB 上重建。

时至今日，经过 MathWorks 公司的不断完善，MATLAB 已经发展成为适合多学科、多种工作平台的功能强大的大型软件。在国外，MATLAB 已经经受了多年考验。在欧美等高校，MATLAB 已经成为线性代数、自动控制理论、数理统计、数字信号处理、时间序列分析、动态系统仿真等高级课程的基本教学工具；成为攻读学位的大学生、硕士生、博士生必须掌握的基本技能。在设计研究单位和工业部门，MATLAB 被广泛应用于科学研究和解决各种具体问题。在国内，特别是工程界，MATLAB 一定会盛行。可以说，无论你从事工程方面的哪个学科，都能在 MATLAB 里找到合适的功能。

（三）MATLAB 语言的特点

一种语言之所以能如此迅速地普及，显示出如此旺盛的生命力，是由于它有着不同于其他语言的特点，正如同 FORTRAN 和 C 等高级语言使人们摆脱了需要直接对计算机硬件资源进行操作一样，被称作为第四代计算机语言的 MATLAB，利用其丰富的函数资源，使编程人员从烦琐的程序代码中解放出来。MATLAB 最突出的特点就是简洁。MATLAB 用更直观的，符合人们思维习惯的代码，代替了 C 和 FORTRAN 语言的冗长代码。MATLAB 给用户带来的是最直观、最简洁的程序开发环境，以下简单介绍一下 MATLAB 的主要特点。

语言简洁紧凑，使用方便灵活，库函数极其丰富。MATLAB 程序书写形式自由，利用其丰富的库函数避开繁杂的子程序编程任务，压缩了一切不必要的编程工作。由于库函数都由本领域的专家编写，用户不必担心函数的可靠性。可以说，用 MATLAB 进行科技开发是站在专家的肩膀上。

运算符丰富。由于 MATLAB 是用 C 语言编写的，MATLAB 提供了和 C 语言几乎一样多的运算符，灵活使用 MATLAB 的运算符将使程序变得极为简短。

MATLAB 既具有结构化的控制语句（如 for 循环、while 循环、break 语句和 if 语句），又有面向对象编程的特性。

程序限制不严格，程序设计自由度大。例如，在 MATLAB 里，用户无须对矩阵预定义就可使用。

程序的可移植性很好，基本上不做修改就可以在各种型号的计算机和操作系统上运行。

MATLAB 的图形功能强大。在 FORTRAN 和 C 语言里，绘图都很不容易，但在 MATLAB 里，数据的可视化非常简单，MATLAB 还具有较强的编辑图形界面的能力。

MATLAB 的缺点是，它和其他高级程序相比，程序的执行速度较慢。由于 MATLAB 的程序不用编译等预处理，也不生成可执行文件，程序为解释执行，所以速度较慢。

功能强大的工具箱是 MATLAB 的另一特色。MATLAB 包含两个部分：核心部分和各种可选的工具箱，核心部分中有数百个核心内部函数，其工具箱又分为两类：功能性

工具箱和学科性工具箱。功能性工具箱主要用来扩充其符号计算功能，图示建模仿真功能，文字处理功能以及与硬件实时交互功能。功能性工具箱用于多种学科。而学科性工具箱是专业性比较强的，如 control，toolbox，signal processing toolbox，communication toolbox 等。这些工具箱都是由该领域内学术水平很高的专家编写的，所以用户无须编写自己学科范围内的基础程序，可直接进行高、精、尖的研究。

源程序的开放性。开放性也许是 MATLAB 最受人们欢迎的特点。除内部函数外，所有 MATLAB 的核心文件和工具箱文件都是可读可改的源文件，用户可通过对源文件的修改以及加入自己的文件构成新的工具箱。

（四）MATLAB 在图像处理中的应用

图像处理工具包是由一系列支持图像处理操作的函数组成的。所支持的图像处理操作有：图像的几何操作、邻域和区域操作、图像变换、图像恢复与增强、线性滤波和滤波器设计、变换（DCT 变换等）、图像分析和统计、二值图像操作等，下面就 MATLAB 在图像处理中各方面的应用分别进行介绍。

1. 图像文件格式的读写和显示

MATLAB 提供了图像文件读入函数 imread( )，用来读取如：bmp，tif，tiff，pcx，jpg，gpeg，hdf，xwd 等格式图像文件；图像写出函数 imwrite( )，还有图像显示函数 image( )、imshow( )，等等。

2. 图像处理的基本运算

MATLAB 提供了图像的和、差等线性运算以及卷积、相关、滤波等非线性运算。例如，conv2（I，J）实现了 I，J 两幅图像的卷积。

3. 图像变换

MATLAB 提供了一维和二维离散傅里叶变换（DFT）、快速傅里叶变换（FFT）、离散余弦变换（DCT）及其反变换函数以及连续小波变换（CWT）、离散小波变换（DWT）及其反变换。

4. 图像的分析和增强

针对图像的统计计算 MATLAB 提供了校正、直方图均衡、中值滤波、对比度调整、自适应滤波等对图像进行的处理。

5. 图像的数学形态学处理

针对二值图像，MATLAB 提供了数学形态学运算函数；腐蚀（Erode）、膨胀（Dilate）算子以及在此基础上的开（Open）、闭（Close）算子、厚化（Thicken）、薄化（Thin）算子等丰富的数学形态学运算。

第四节　数字图像处理的特点

一、数字图像处理的特点分析

（一）处理信息量很大

数字图像处理的信息大多是二维信息，处理信息量很大，如一幅 256×256 低分辨率黑白图像，要求约 64kbit 的数据量；对高分辨率彩色 512×512 图像，则要求 768kbit 数据量；如果要处理 30 帧 / 秒的电视图像序列，则每秒要求 500kbit ～ 22.5Mbit 数据量。因此，对计算机的计算速度、存储容量等要求较高。

（二）占用频带较宽

数字图像处理占用的频带较宽。与语言信息相比，占用的频带要大几个数量级。如电视图像的带宽约 5.6MHz，而语音带宽仅为 4kHz 左右。所以，在成像、传输、存储、处理、显示等各个环节的实现上，技术难度较大，成本亦高，这就对频带压缩技术提出了更高的要求。

（三）各像素相关性大

数字图像中各个像素是不独立的，其相关性大。在图像画面上，经常有很多像素有相同或接近的灰度。就电视画面而言，同一行中相邻两个像素或相邻两行间的像素，其相关系数可达 0.9 以上，而相邻两帧之间的相关性比帧内相关性一般来说还要大一些。因此，图像处理中信息压缩的潜力很大。

（四）无法复现三维景物的全部几何信息

由于图像是三维景物的二维投影，一幅图像本身不具备复现三维景物的全部几何信息的能力，很显然，三维景物背后部分信息在二维图像画面上是反映不出来的。因此，要分析和理解三维景物必须做合适的假定或附加新的测量，例如，双目图像或多视点图像。在理解三维景物时需要知识导引，这也是人工智能致力解决的知识工程问题。

（五）受人的因素影响较大

数字图像处理后的图像一般是给人观察和评价的，因此受人的因素影响较大。由于人的视觉系统很复杂，受环境条件、视觉性能、人的情绪爱好以及知识状况影响很大，作为图像质量的评价还有待进一步深入研究。另外，计算机视觉是模仿人的视觉，人的感知机理必然影响计算机视觉的研究。例如，什么是感知的初始基元，基元是如何组成的，局部与全局感知的关系，优先敏感的结构、属性和时间特征等，这些都是心理学和神经心理学正着力研究的课题。

二、数字图像处理的关键技术

主要涉及以下 6 个部分。

（一）图像变换

由于图像阵列很大，直接在空间域中进行处理，涉及计算量很大。因此，往往采用各种图像变换的方法，如傅里叶变换（DFT）、离散余弦变换（DCT）等间接处理技术。将空间域的处理转换为变换域处理，就可以使用变换域中强大的数学工具了，使用各种频率域滤波。

常用变换算法：傅里叶变换（DFT）、快速傅里叶变换（FFT）、离散余弦变换（DCT）。

（二）图像编码压缩

图像编码压缩技术可减少描述图像的数据量（比特数），以便节省图像传输、处理时间和减少所占用的存储器容量，压缩可分为：有损压缩和无损压缩。

常用编码算法：费诺码、霍夫曼编码、算术编码。

（三）图像增强和复原

图像增强和复原的目的是提高图像的质量，如去除噪声、提高图像的清晰度等。图像增强不考虑图像降质的原因，突出图像中所感兴趣的部分。图像复原要求对图像降质的原因有一定的了解，一般来讲，应根据降质过程建立“退化模型”，再采用某种滤波方法，恢复或重建原来的图像。如强化图像高频分量，可使图像中的物体轮廓清晰，细节明显；强化低频分量可减少图像中的噪声影响。

（四）图像分割

图像分割是数字图像处理中的关键技术之一，图像分割是将图像中有意义的特征部分提取出来，其有意义的特征有图像中的边缘、区域等，这是进一步进行图像识别、分析和理解的基础。

常用边缘检测算法：Sobel 算子、canny 算子、laplace 算子。

常用分割算法：基于区域分割、分水岭分割。

（五）图像描述

图像描述是图像识别和理解的必要前提。作为最简单的二值图像可采用其几何特性描述物体的特性，一般图像的描述方法采用二维形状描述，它有边界描述和区域描述两种方法。对于特殊的纹理图像可采用二维纹理特征描述。

常用：HOG 特征、颜色特征、SIFT 特征、SURF 特征、角点特征、LBP 特征。

（六）图像分类（识别）

图像分类（识别）属于模式识别的范畴，其主要内容是图像经过某些预处理（增强、复原、压缩）后，进行图像分割和特征提取，从而进行判决分类。图像分类常采用经典的模式识别方法，有统计模式分类和句法（结构）模式分类，近年来新发展起来的模糊模式识别和人工神经网络模式分类在图像识别中也越来越受到重视。

三、图像处理文件格式

（一）MATLAB 图像文件格式

MATLAB 支持以下 7 种图像文件格式。

PCX(Windows Paintbrush)格式，可处理 1，4，8，16，24 位等图像数据，文件内容包括：文件头（128 字节），图像数据、扩展颜色映射表数据。

BMP(Windows Bitmap) 格式，有 1，4，8，24 位非压缩图像，8 位 RLE(Run-lengthEncoded) 图像。文件内容包括：文件头（一个 BITMAPFILEHEADER 数据结构），位图信息数据块（位图信息头 BITMAPINFOHEADER 和一个颜色表）和图像数据。

HDF(Hierarchical Data Format) 格式，有 8 位，24 位光栅数据集。

JPEG(Joint Photographic Experts Group) 格式，是一种称为联合图像专家组的图像压缩格式。

TIFF(Tagged Image File Format) 格式。处理 1，4，8，24 位非压缩图像，1，4，8，24 位 packbit 压缩图像，一位 CCITT 压缩图像等。文件内容包括：文件头、参数指针表与参数域、参数数据表和图像数据 4 部分。

XWD(X Windows Dump) 格式。1，8 位 Zpixmaps，XYbitmaps，1 位 XYpixmaps。

PNG(Portable Network Graphics) 格式。

（二）图像类型

MATLAB 中，一幅图像可能包含一个数据矩阵，也可能包含一个颜色映射表矩阵。MATLAB 中有以下 4 种基本的图像类型。

1. 索引图像

索引图像包括图像矩阵与颜色图数组，其中，颜色图是按图像中颜色值进行排序后的数组。对于每个像素，图像矩阵包含一个值，这个值就是颜色图中的索引。颜色图为 m*3 双精度值矩阵，各行分别指定红绿蓝（RGB）单色值。Colormap=[R，G，B]，R，G，B 为值域为 [0，1] 的实数值。

图像矩阵与颜色图的关系依赖于图像矩阵是双精度型还是 uint8(无符号 8 位整形) 类型。如果图像矩阵为双精度类型，第一点的值对应于颜色图的第一行，第二点对应于颜色图的第二行，以此类推。如果图像矩阵是 uint8，有一个偏移量，第 0 点值对应于颜色图的第一行，第一点对应于第二行，以此类推；uint8 常用于图形文件格式，它支持 256 色。

2. 灰度图像

在 MATLAB 中，灰度图像是保存在一个矩阵中的，矩阵中的每个元素代表一个像素点。矩阵可以是双精度类型，其值域为 [0，1]；也可以为 uint8 类型，其数据范围为 [0，

255]。矩阵的每个元素代表不同的亮度或灰度级。

3. 二进制图像

二进制图像中，每个点为两离散值中的一个，这两个值代表开或关。二进制图像保存在一个由二维的由 0(关) 和 1(开) 组成的矩阵中。从另一个角度讲，二进制图像可以看成一个仅包括黑与白的灰度图像，也可以看作只有两种颜色的索引图像。

二进制图像可以保存为双精度或 uint8 类型的双精度数组，显然使用 uint8 类型更节省空间。在图像处理工具箱中，任何一个返回二进制图像的函数都是以 uint8 类型逻辑数组来返回的。

4.RGB 图像

与索引图像一样，RGB 图像分别用红、绿、蓝 3 个亮度值为一组，代表每个像素的颜色。与索引图像不同的是，这些亮度值直接存在图像数组中，而不是存放在颜色图中，图像数组为 $M*N*3$，M，N 表示图像像素的行列数。

第二章　数字图像处理的基础知识

第一节　图像的表示

一、数字图像的基本概念

计算机屏幕上显示出来的画面通常有两种描述方法：一种为图形，另一种为图像。图形是矢量结构的画面存储形式，是由指令集组成的描述，这些指令描述构成一幅图的所有直线、圆、矩形、圆弧、曲线等的位置。图形记录的主要内容是坐标值或坐标值序列，对一般画面内容的颜色或亮度隐含且统一描述；图像是以栅格结构存储画面内容，栅格结构将一幅图划分为均匀分布的栅格，每个栅格称为像素，且记录每一像素的光度值，所有像素位置按规则方式排列，像素位置的坐标值却是有规则的隐含值。图像占用了存储空间较大，一般需要进行数据压缩。色度学理论认为，任何颜色都可由红、绿、蓝三种基本颜色按照不同的比例混合得到。红、绿、蓝被称为三原色，简称 RGB 三原色。在 PC 的显示系统中，显示的图像是由一个个像素组成的，每一个像素都有自己的颜色属性，像素的颜色是基于 RGB 模型的，每一个像素的颜色可由红绿蓝三原色组合而成。3 种颜色值的组合确定了在图像上看到的颜色。人眼看到的图像都是连续的模拟图像，其形状和形态表现由图像各位置的颜色所决定。因此，自然界中的图像可用基于位置坐标的三维函数来表示，即，

$$f(x, y, z) = f_r(x, y, z)+f_g(x, y, z)+f_b(x, y, z) \tag{2-1}$$

其中 f 表示空间坐标为（x，y，z）位置的颜色，f_r，f_g，f_b 分别表示该位置点的红、绿、蓝三种原色的颜色分量值。它们都是空间的连续函数，即连续空间的每一点都有一个精确的值与之相对应。为了研究方便，本书主要考虑平面图像。由于平面上每一点仅包括两个坐标值，因此，平面图像数是连续的二维函数，即，

$$f(x, y) = f_r(x, y)+f_g(x, y)+f_b(x, y) \tag{2-2}$$

数字图像是连续图像的一种近似表示，通常用由采样点的值所组成的矩阵来表示：

$$\begin{bmatrix} f(0,0) & f(0,1) & \dots & f(0,x-1) \\ f(1,0) & f(1,1) & \dots & f(1,x-1) \\ f(y-1,0) & f(y-1,1) & \dots & f(y-1,x-1) \end{bmatrix} \quad (2\text{-}3)$$

每一个采样点叫作一个像素，上式中，x，y 分别为数字图像行、列方向上的采样数。通常，用二维数组描述一幅图像，不同的图像文件归根结底是图像像素不同的组织或存储方式。用量化程度和采样数来表示图像的精度，其中，采样数指图像数字化的空间精细程度，量化程度表示每个像素能够取的颜色数。

二、在计算机中常使用的图像文件类型

（一）单色图像

单色图像中每个像素点仅占一位，其值只有 0 或 1，通常 0 代表黑，1 代表白。

（二）灰度图像

灰度图像具有如下特征。

灰度图像文件的存储带有 256 项图像颜色表，表项由红、绿、蓝颜色分量组成，并且红、绿、蓝颜色分量值都相等。

每个像素需 8 位空间，其值范围为 0 ~ 255，表示 256 种不同的灰度级，图像颜色表的表项入口地址为每个像素的像素值。

（三）伪彩色图像

伪彩色图像文件存储的也有图像颜色表，其特征为：图像颜色表中的红、绿、蓝颜色分量不全相等。

只能表示 256 中彩色，需要 8 位空间，图像颜色表的表项入口地址为每个像素的像素值，也称为 8 位彩色图像。

（四）24 位真彩色图像

彩色图像能够表示全彩的图像称为 24 位真彩图像。其特征：图像像素由红、绿、蓝三分量组成，每个分量取值范围为 0 ~ 255，共需 24 位。

三、位图

BMP（Bitmap-File）图形文件是 Windows 采用的图形文件格式，在 Windows 环境下运行的所有图像处理软件都支持 BMP 图像文件格式。Windows 系统内部各图像绘制操作都是以 BMP 为基础的。Windows 3.0 以前的 BMP 图文件格式与显示设备有关，因此把这种 BMP 图像文件格式称为设备相关位图 DDB（device-dependent bitmap）文件格式。Windows3.0 以后的 BMP 图像文件与显示设备无关，因此把这种 BMP 图像文件格式称为设备无关位图 DIB（device-independent bitmap）格式，目的是让 Windows 能够在任何类型的显示设备上显示所存储的图像。BMP 位图文件默认的文件扩展名是 BMP 或者 bmp（有

时也会以 .DIB 或 .RLE 做扩展名）。

（一）与设备相关位图（DDB）

与设备相关位图不存储文件，而是依靠计算机显示系统的位置不同而不同。BITMAP 结构定义了 DDB 位图的类型、宽度、高度、颜色格式和像素位置。

（二）与设备无关位图（DIB）

与设备无关位图具有固有的颜色，不依靠计算机系统，是一种外部位图格式，以 BMP 为后缀的位图文件 DIB 位图还支持图像数据的压缩。

（三）文件结构位图

文件由 4 个部分组成：位图文件头、位图信息头、彩色表和定义位图的字节阵列。

第二节　数字图像的数字化

把连续的图像用一组数字来表示，便于用计算机分析处理。未经任何处理的图像在空间和时间上是连续的二维函数，在计算机里要先对它进行抽样量化，即变为数字图像，之后才可以进行各种处理。数字图像是一个整数阵列，最基本的表示形式是矩阵。

一、媒介间转换所呈现的图像艺术特质

图像艺术是整个图像概念包括范围内的精华部分，图像艺术在传递信息的同时也能表达情感和体现意境。在数字化时代中，图像艺术通过对数字技术的利用，生成大量的数字图像艺术，数字技术手段逐步取代了传统的图像艺术生成方式，成了图像艺术表达的主要方式。

（一）数字技术成为图像艺术的主要表现方式

数字图像技术的成熟使其被大量运用到各个领域，在艺术领域，配合图像艺术展现形式以及传播路径等性能增强方面的需要，数字技术采取了诸多对应的可视化途径，如艺术品复原图像、传统媒介图像艺术的数字化保存和展览、数字化智慧工具对复杂绘画技术的简化、视景仿真的全新图像体感形式以及数字复刻拼贴图像等。通过这些呈现总结出一个规律，那便是多种图像艺术在数字空间中的呈现离不开数字图像在技术和艺术方面协调关系的作用。

首先，图像艺术在数字化时代在很大程度上对这些处理技术具有依存关系，特别是随着数字技术的勃兴，图像艺术快速统摄了社会文化生活的各个方面。数字化成了方便、快捷和先进性的代名词，数字化所提供的便捷、优势与现阶段人类对智慧生活的期待是高度契合的。至此，人们对数字技术和数字设备的依赖也逐渐凸显，加之大众化的审美需求日益增加，图像艺术观念和作品要寻求更好的展现渠道和传达媒介，以此来满足大

众的审美需求的途径，这就非数字化技术莫属。而图像艺术的数字化呈现，直接诞生了一门新的艺术样式：数字图像艺术。数字图像艺术以其强大的生命力和艺术感召力，迅速占领艺术市场，带来了一系列关于视觉文化和读图时代的文化反思。

其次，图像艺术的利用是数字技术发展壮大的重要原因之一，这是由于数字技术的信息传达离不开视像化呈现。而随着数字技术呈现手段的不断发展，人们通过优化像素和屏幕以及相应的数字编码，呈现更加真实和自然的图像界面。到如今，除了专业的计算机图像编辑人员，绝大多数受众已经无法或者说不会辨认通过数字终端传递给我们的图像是否是背后由某些小的晶体管显像形成的，人们对数字技术传递信息的图像在出场方式和呈现效果上的接受已经趋于体会生活场景一般理所应当。而这之中反映的问题便是在信息的准确传达上，从数字图像发展之初所暴露的问题，诸如，受众群体少、还原效果差、数字技术硬件和软件不成熟反映出来的脆弱性和不稳定性等。到如今，数字媒介被认可而大肆运用到图像创作、传播，这所带来的是数字图像倾泻式涌入公众视野的局面。不同阶段的数字技术关于图像呈现方面所遇到的问题都需要寻求艺术的协助，通过数字化图像艺术的表达，可以借用艺术的美感传达牢牢抓住观者的目光，数字图像总归是要借助新媒介的力量来吸引人们的“观看”行为，而“观看”的实质便是对其价值和内涵的体会和关键信息的传达。

艺术的利用和表达便可以帮助数字图像撇开一些因为技术发展的限制所暴露出的缺点，举例来说，在反映现实或者传达消息（信息）的需求方面，数字图像追求的便是真实和信息的快速呈现，虽然通过数字图像使得信息的呈现会变得更加直接和丰富，但正是因为这样的便捷使得人们大量接触到图像，图像是否具备审美性和娱乐性就自然成为图像获取数字化呈现的基本要素。因为艺术创作本身就是一种具备美感价值和意味的精神生产，它脱离于技术手段自具一番价值，并且不同技术、媒介对图像艺术的反应和呈现在最根本的层面上是可以继承和发展它的美感。诚然，数字技术已成为图像艺术最主要的呈现方式。

（二）数字图像与传统图像的差别

数字化图像是由模拟图像数字化得到的一种以像素为基本元素的、可以用数字计算机或数字电路存储和处理的图像，相较传统图像具有诸多不同与特性，数字化图像的本质是由二进制组成的数字编码，是无实物的存在，而传统图像的呈现皆需要不同的媒介，从原始时期的洞穴壁画到后来的宣纸画、绢帛画，再到胶卷胶片以及如今的数字显示器，呈现图像所利用的媒介是随着社会发展而不断改变的。数字化图像由于其特殊的存在方式，也具备了诸多特性，例如，随意复制性，在计算机中存在的图像数字代码可以轻松复制，图像也因此可以大肆传播，而传统图像由于物质性将其限制在固定空间，传播效果也受到削弱。数字化图像由于其平台和受众原因，其艺术内涵具有大众化倾向，而传统图像则更具独创性。随着数字化的推进，人们对图像的欣赏习惯发生转变，大多传统

图像具有数字化转型倾向。接下来，从以下三个方面去分析传统图像与数字图像的差异，以明细在数字技术与图像艺术关系中数字图像所衍生的特质。

首先，是数字化图像与传统图像的媒介使用差别。在《媒介即讯息》中，麦克卢汉认为，媒介形式的变化有着比其传播内容更大的影响力。从传统的观念来看，最初对图像内容的理解都是从实用角度出发的，对于这一点，无论中外，实用性的图像意识都是最早应运而生的，人们利用图形图像的形象感来标记或还原事物。而在另一层面上可以说，图像具备一种直观性，这种直观性是指对事物的瞬间把握和整体形成，而图像在媒介传播中所传达出的不只是表面的符号形式，同时包含了媒介本身以及图像意义在内的多层面的涵义。图像以及图像化的符号不仅是传递艺术信息的媒介，还是其内涵本身，媒介使用的变化从根本上就改变着图像的内容和价值。

早在原始社会，人们使用图像记录狩猎的情况或者运用某种巫术的形式。这时人们借用天然的有色矿石为颜料，将洞穴里的岩石作为承载画作的媒介，这就会因为其固定的物理空间而在展示和参观方面具有很大局限性。随后，人们发明了更容易书画的竹简和绢帛乃至宣纸，画具和颜料方面也通过人类的创造变得五花八门而更加易于创作。从技术方面，我们可以简单地将这种新型工具、媒介的发明和使用视为一种进步，但是从艺术的角度来看，这不过是不同形式的艺术展现形式罢了。但数字媒介的使用却改变了这一格局，因为其建立了一个与人们的真实感受无限逼近的虚拟空间，在这个空间中同样可以呈现其他媒介的模样和效果，只是它本质上是一种人类发明的数字代码算法和概念操作出的一个虚拟景观。除了承载图像的客观物，数字图像这种比特的存在方式，是抽象的承载物充当着传播媒介的方式。数字化媒介具备兼容性、无限性、虚拟化等诸多特性。

“新媒介被认为转变了文化和意识模式，但这是通过增加传播手段实现的，而不是破坏旧的传播手段。”通过 Kindle 电子阅读器的例子便可以清晰地看到数字化图像呈现媒介的诸多特性，Kindle 利用了电子纸显示技术打造出水墨屏，让人们即便是通过网络下载的文字、图片在屏幕上显示出来的效果和直接用书本观看的体验效果非常类似，这是基于传统媒介对人们思维造成的某种惯性和依赖模式的特点而研发的。电子阅读器具有很好的兼容性和鲁棒性，大多数的电子阅览器都配备统一的数据接口，例如，micro-USB，不同型号接口的电子设备也可以通过转换器轻松对接，不同格式的数字信息也可以通过编辑软件轻松转码，数字化媒介的对接与传输是极其灵活和兼容的。

由于数字化存储的便捷、数据上传下载的高效，致使水墨屏电子书可以容纳巨大的内容，这是数字化为传统艺术媒介传达方式插上的翅膀，即继承了传统媒介的优点——最大限度地还原了欣赏者的体验感，又将数字技术的优势特征加以运用。数字技术是一种智能编码技术，其精美的数字图像背后对应着一连串复杂的代码，通过压缩的数字信息能够被大量储存、传输，在电子书内容的储存空间也能根据人们的喜好和观看进度而不断更新，这便是数字媒介的无限性，在同一媒介上表现的内容是不受限制，可以随意更换的，而将图像以及其他媒介作为艺术作品整体来看待，借助数字化呈现的图像艺术则呈现一种虚拟化的形式，任何的数字化图像在人脑中的感知和反应，都是由编码储存和解码显示两部分结合而成的，人不能直接解码数字代码，也不能拿着一块没有信号源的显示器企图获取图像，这些都在本质上让人们无法以实物的形式把握数字化图像，而对于数字化图像的认识也都侧重其内容信息的接受和欣赏，故而，传播效果是数字化的图像艺术需要关注的重点。

其次，便是数字化图像与传统图像的传播效果差别。过去我们读书，今天我们读图——所读之图，有静止的，也有活动的，甚至还配有声音。数字化图像铺天盖地地在我们的生活中泛滥，我们几乎被各式的图像包围，最常见的是数字化图像依附的终端设备，如作为私人终端产品的手机、电脑等，它们早已成为人们日常生活的必备工具，再如，公众场所的各式广告 LED 几乎也成为现代人获取信息的重要窗口。就数字化图像的传播渠道和用户粘性来说，这是传统图像所无法企及的。

就图像艺术乃至图像的接触频次和关注程度来说，（数据）数字化的传播成效已经是不言而喻的了，相较传统图像，数字化图像的传播效果也存在巨大差别。而对于传播效果中的接受观感而言，数字化图像和传统图像最大的区别是建立在其机械复刻化的还原性，由于数字化图像制作技术已经可以真实地记录和反映人们的生活场景，这极大地促使了图像在传播过程中的使用带有巨大号召力和认同感的说服策略。数字图像记录下的“图像真实”表征着一种现实生活中的“原型真实”，这是通过不断的关联和建构形成一种人们认为的“观念真实”，从而人们便会把数字图像的阅览当作追求生活中的“真”的一种方式，图像艺术传播在这一层面的追求是传统图像不曾预期的。

而这样的传播效果也会使人们对于数字化图像背后的价值内涵有所反思，数字化是人类智慧生活的科技手段，数字化的普及潮流势必带动着整个数字化图像往更深更广的层面传播，就其背后价值而言，人们的审美疲劳效应会消解数字图像的审美价值接受这一点也是应当被考虑的。现代数字化的图像传播和商品经济是密不可分的，例如，部分与商业牵连的图像创作艺术家成了职业化的设计师，图像的艺术设计和传播是商业手段的嫁接，为了促使商品和消费的结合，图像艺术价值成为商品推广、传播乃至品牌化的砝码，配合着数字化图像的无限复制和自由传播，各类消费产品层面的图像大肆涌入人们的视野，极大地丰富着人们图像信息的同时，也导致了人们对图像艺术审美的疲惫：面对浩繁的设计艺术图像，人们疲于挑选，有限的时间也被大量图片瓜分，对于同种元素相近类型的设计作品产生审美上的疲惫感，在很大程度上消解了数字化图像原有的传播效果。

还有，数字化图像与传统图像的艺术内涵差别。自文字被广泛运用后的历史上的很长一段时间内，图像的功能随着文字的推广逐渐势弱，随着信息来源的丰富、文字表征的复杂，隐喻于图像背后的观念更能被大多数人读取，又致使这一原始而直接的途径再

次流行。在原始社会，即人类创作图像艺术的萌芽时期，图像艺术的内涵便是以反映生活中的场景或是象征某种朴素的愿望为主。到了绘画艺术的自觉时期，作为图像的艺术内涵则是创作者通过各样的技巧手段寓于各种艺术形式中的风格或者意境，它是李唐《万壑松风图》里的悲壮激昂，或者马远《寒江独钓图》中的虚实意境，亦如凡·高笔下的亮黄色体现的对生命活力的昭示等。这些都是传统艺术家创造图像上想要表达的艺术内涵。

我们现在通过场景搭建、数字建模、角色扮演，再经由摄像机拍摄及后期剪辑加工便可再现数万年前的原始部落的生活图像，数字化的时空场景传递在人们脑海中的图像信息是一种“假象”，而正是人们对这样的“假象”的消费和接受促使数字化图像具备了奇幻和多彩的艺术内涵。反观当今泛滥的数字化图像，其体现的大众化、碎片化等诸多特点，这也可以看出数字化的图像艺术与图像的商品化是分不开的，同时致使网络空间中的数字化图像的审美内涵和艺术创作者鲜活的生命哲思断裂，取而代之的是某种公共潮流的文化隐喻。大众传播与大众接受的态势对数字化图像传播美感带来了极大的革新。数字图像艺术审美独特性内涵的嬗变以及数字复制技术的一统天下，无疑也使图像商品生产快速被纳入工业流水线作业，人们更应该从图像满足人们的视觉需要和寻求人类自身的身份认同等方面去思考制造和消费图像的目的和其缘由。

二、框图识别

框图在多种文档中均起着重要作用，很多文档内容需要借助框图这一表达形式才会更容易理解。

（一）框图类型与结构分析

1. 框图主要类别介绍

框图是一种特殊的图示，能清楚地表达系统间各个部分的关系，在工序控制流程、设计方案制订、计算机算法程序设计等多种工程领域内有着广泛的应用，从框图的类型来分析，主要有以下几种。

流程图是最常见的一类框图，不同的操作类型由不同形状的图框来表示，每个执行步骤的具体内容都写在图框内，各个图框以带箭头的线段相连，来指示具体执行步骤。下一步如何进行，取决于上一步的结果。流程图中使用一些常见的几何图形来表示固定的步骤，如菱形框表示决策，矩形框表示具体活动等，具有直观形象、易于理解等优点，可以清楚地描述工作的顺序，辅助决策制定、判断问题产生原因等。

UML 图（Unified Modeling Language）又称统一建模语言，在软件开发行业中应用最为广泛，常用作为一个正在编写的面向对象的软件系统的可视化构建方法说明。其同样是通过各个图框与连接线来表示类与类之间的关系，以对软件各模块的功能进行描述。

E-R 图（Entity Relationship Diagram）也称实体 – 联系图，常用于在数据库系统设计中描述各实体之间的关系，对现实世界中的模型采用实体类型、关系和属性进行描述，并通过线段将矩形实体类型与对应的椭圆实体属性进行连接。

尽管框图的类型多种多样，但大部分都是以各个形状的图形框，也称基本图原来表示过程节点，以带箭头的连接线表示有向边。美国国家标准化协会 ANSI 对框图中的一些常用符号进行了规定，在世界范围内被广泛采用，主要包含的符号类型如图 2-1 所示。

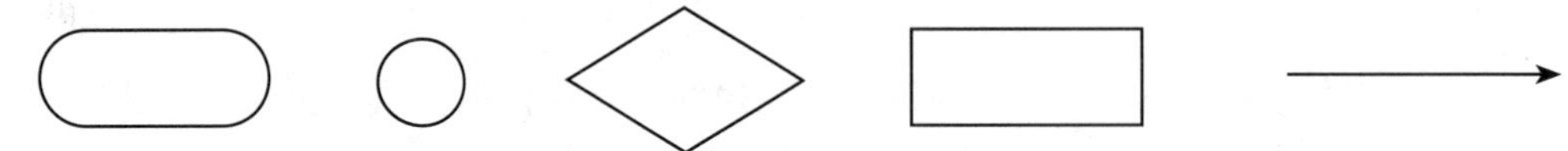

图 2-1 框图主要包含的符号类型

2. 框图的结构分析与描述

框图结构分析就是针对所给定的框图图像，对图元之间的连接关系进行分析，并给出识别结果，这是框图识别中的一项难点。要想确定图元之间如何连接指向就必须结合图元之间的连接线进行判断。最常用的方法是基于连通域方法进行分析，前提是要对框图进行有效的分割，若两个图元之间构成连接关系，则这两个图元和对应的连接线则可以构成同一连通域。但该方法要求对框图区域的进行较为精准的分割，若存在其他线元干扰则极易识别错误。另外，由于箭头难以检测，框图的指向关系也不易识别。

在对框图结构进行识别后，还需要对框图进行合适的建模以对框图进行描述。基于有向图模型的框图建模是最为直观、最容易被人理解的方式。有向图中的节点代表框图中的基本元素，有向弧表示图元之间的依赖关系。关于有向图的描述方法有多种，主要有邻接矩阵、邻接表、二叉树等方式。此外，还有一些专门的流程建模语言。框图的有向图模型表示如图 2-2 所示。

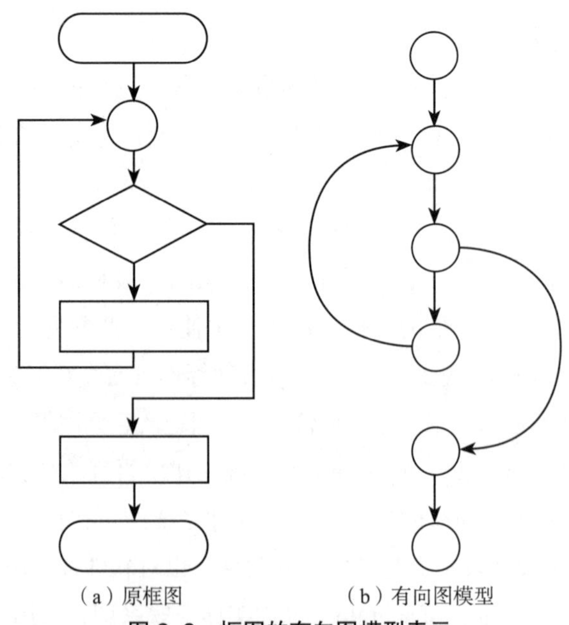

（a）原框图　　（b）有向图模型

图 2-2 框图的有向图模型表示

（二）图像特征提取与目标检测技术

对框图图像进行完整的特征提取并能有效地表征框图信息是框图识别的关键步骤。在图像分类或检测任务中，早期人们主要依靠手工设计的特征将图像中的特征提取为向量再送入分类器中，由于人工特征只参考了有限样本，这就导致这些特征往往不够全面。与传统人工设计特征不同，深度学习特征提取是基于海量数据，并通过自动学习得到的。在图像识别任务中，经过不断演化和改进，以卷积层和采样层构成的卷积网络能很好地提取图像特征，大大提高了图像识别的精度。

1. 传统特征提取方法

在图像处理中，常用图像的纹理特征与形状特征对图像内容进行表征。纹理特征反映了图像的材质、组织等重要信息，可以确定图像与背景的关系，常用的方法有基于结构的方法和基于统计信息的方法。形状特征对于物体类型有着较强的表征能力，在颜色、纹理等特征不明显时更能描述物体特征，具有丰富的语义信息，但通常提取也较为困难，同时也易受其他因素的干扰。在框图图像识别中，通常以连通域、轮廓等底层特征以及人工设计特征等中层特征对框图图像进行描述。

针对框图图像常用的特征主要包含以下 4 种：第一，连通域面积，此特征是区分框图图像中不同分量的重要信息，主要区分字符分量和图形分量；第二，宽高比，此特征是用来表现框图中各形状的重要信息；第三，HOG 特征，是识别基本图元的主要特征之一，通过对提取的轮廓统计局部区域的梯度方向直方图来构成特征，然后结合分类器进行分类；第四，角点特征，此特征利用框图图像中角点类型多样的特点进行识别，常用的角点提取特征有 Harris 角点、CSS 角点、SIFT 角点等特征。

2. 深度特征提取方法

深度学习提取特征是依赖大量数据学习而来，根据不同的任务场景自动学习充分表征图像信息的特征。人工神经网络将图像数据存储在内部神经元互联的权值之中，通过不同层级之间不断传递对权值调整，最终输出识别结果。传统神经网络中神经元是神经网络中的最基本单元。神经元在结构上包括一个或多个输入，经特定非线性处理后得到一个输出，作为下一层神经元的输入值，神经元的基本模型如图 2-3 所示。

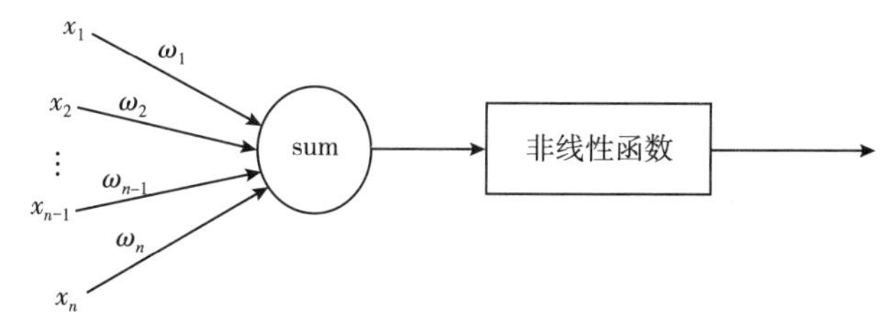

图 2-3　神经元基本模型

通过上一层输出加上偏置值再送入非线性激活函数输出到下一层。基本的前馈神经网络分为输入层、隐藏层、输出层 3 层结构，如图 2-4 所示。

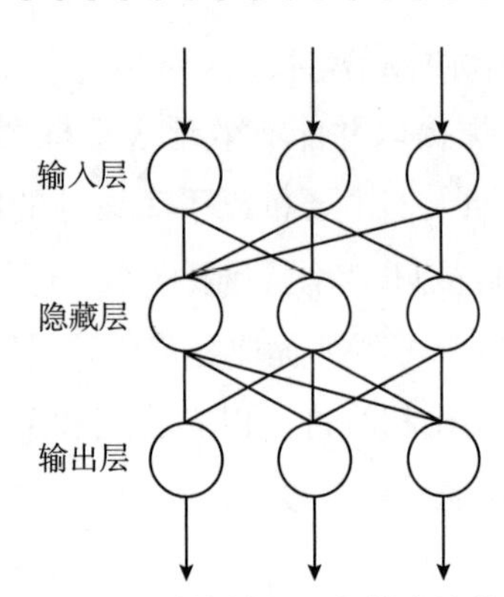

图 2-4 前馈神经网络基本结构

在此基础上添加了卷积层和池化层，有输入层、卷积层、采样层、全连接层等。一般在网络中的每一层都含有多个二维特征平面，在降采样和特征提取过程的影响下，随着网络层数的增加，特征平面的尺寸会减小，网络中卷积核个数的增加也会对网络层中特征平面个数产生影响。在网络末端，通常会采用全连接层对前级网络层提取的特征进行结合。全连接层接前一层输出并对数据加权求和，该层每个节点都会与上层网络的所有节点相连。

卷积神经网络的第一层是输入层。卷积层对输入数据进行特征提取的方式就是通过其中多个卷积核进行卷积运算实现的。卷积运算即图像矩阵与权值矩阵进行相乘以及求和的过程，该权值矩阵即为卷积核，也称为滤波器。卷积核的大小决定了图像中进行卷积运算区域的大小。整个运算过程会重复作用于整个图像中最后输出图像的特征图。卷积核的参数在整个训练过程中会持续调整参数以降低损失函数达到收敛。相比传统神经网络，卷积运算通过局部感受野的特性可以有效解决网络的参数过多问题。局部感受野很好地模拟了人的视觉系统原理，极大地降低了训练过程中参数爆炸的问题，有效提高了网络训练的效率。权值共享能够进一步降低神经网络参数过多的问题。用一个卷积核对整个图像做卷积，减少了参数的数目但同时特征数也减少了，因此在处理复杂图像时，通常还要增加卷积核的数目。

池化层，也称为采样层，主要是通过采样操作来对前一层特征图的数据进行降维、压缩，同时对卷积层或上层网络提取到的特征进行融合，以进一步提取更具代表性的特征信息。平均池化和最大值池化是两种较为常用的池化方法。平均池化求特征图内的特征点的平均值，最大值池化即求特征图内特征点的最大值。

全连接层一般位于整个卷积神经网络的最后一层，主要是将前面所有网络层提取的特征表示映射到最终的分类标记中，最后转化为分类结果。

3. 基于深度学习的目标检测技术

卷积神经网络主要用于处理图像中单一目标的识别和分类问题，而一般图像中不只有一个目标的检测需求，此时单使用卷积神经网络则无法完成多个目标的检测与识别。为提取图像中的目标区域，区域卷积神经网络随之提出。经典的区域卷积神经网络是通

过选择性搜索、滑动窗口等方法对目标候选区域进行提取，主要以RCNN系列算法为代表。选择性搜索算法是通过计算图像的尺寸、纹理、颜色、交叠等特征在空间邻域内的相似度，对相似度高的区域合并为同一区域，直到提取出目标区域为止。滑动窗口法通过多个尺寸的滑动窗口得到目标区域，建立在全局特征的基础上，效率较低，容易存在漏检等现象。

RCNN 的基本原理就是，通过区域选择性搜索算法对图像提取大量的候选区域进行特征提取，然后将提取到的特征送入支持向量机进行分类，最后做边框回归得到目标位置，由于对每个区域都进行卷积运算，导致效率低下。在此基础上，提出了 Fast-RCNN 目标检测算法。快速卷积神经网络不是先提取候选区域，而是直接对图像进行卷积，再在卷积得到的特征图上进行特征提取，并且取消了支持向量机，而是通过全连接层完成目标的分类以及边框的回归，相比 RCNN 更加接近目标的真正边框范围，并且大大减少了计算量。Faster-RCNN 的提出对候选区域的选取做了进一步改进，提出了区域生成网络（Region Proposal Network，RPN）的方法，速度更快。

RPN 网络的基本原理是利用多种尺度的滑动窗口在最后一层卷积特征图上进行搜索，再不断调整预测框的尺寸进行边框回归预测，候选框的生成在卷积神经网络中的计算完成，使得目标检测速度明显提升，并且检测精度也不受影响。RPN 网络的结构如图 2-5 所示，最后卷积的特征图作为共享卷积层，在此设置一个滑动窗口对每一位置进行特征提取，每一个滑动窗口都映射为一个 256 维的特征向量，并被分别输入回归层与分类层。每个滑动窗口位置可同时预测多个候选区域，最大可能建议数量是 k 个，回归层有 $4k$ 个输出用来表示候选框坐标，分类层则有 $2k$ 个分数用来估计候选框是否为目标的概率。RPN 网络对于任意尺度特征图都采用滑窗的方法进行目标检测，在每个位置进行不同尺度和长宽比的候选框，使得任意尺寸大小都能进行识别，保证高检测精度又有高检测速度。

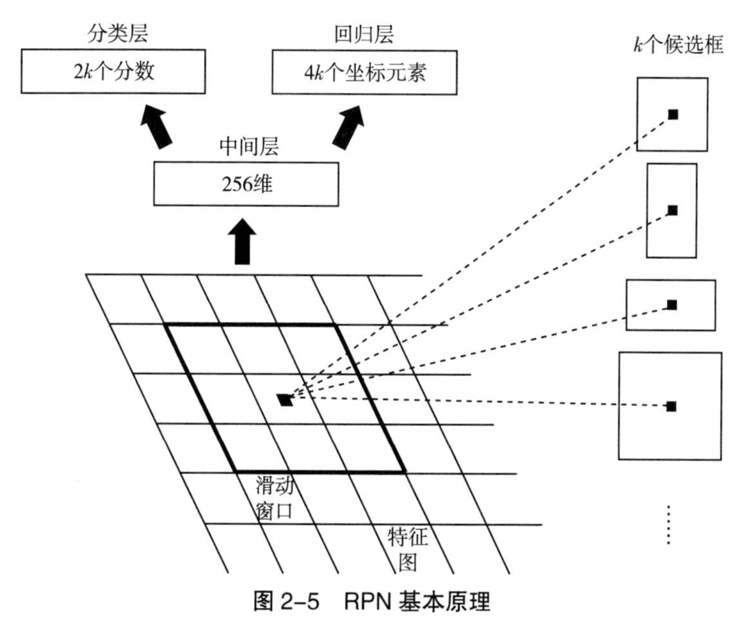

图 2-5　RPN 基本原理

以上算法需要经过分类和回归两个阶段，而基于回归的单阶段目标检测算法则直接对目标进行分类并对候选框进行回归。YOLO 系列算法是单阶段目标检测算法的代表，主要特点就是速度快且精度高，直接对图像进行区域划分，在学习中进行训练和预测回归，根据指定阈值和非极大值抑制算法完成检测框的提取。由于省去了区域提取的环节，其速度大幅度提升，同时精度相比 Faster-RCNN 相差也不大。SSD 算法将目标检测问题抽象为一组预设的目标框，在每个目标框内预测分类标签以及偏移量，对一张图片采用特征金字塔的方式提高准确率，同时删除了候选区域提取的环节，因此速度较快，对于低分辨率的图片也取得了较高的准确率。后续的 YOLOv2 算法也采用特征金字塔的思想在多尺度下进行目标回归，识别效果较好。

YOLOv3 是 YOLO 目标检测算法系列的最新版本，比 RCNN 快 1000 倍，比 Fast-RCNN 快 100 倍。在速度和检测精度上优势明显，在目标分类准确度和定位准确度上也都有较好的效果。

（三）字符切分与识别方法

框图中含有大量的文本，在提取文本区域后首先要对文本中的字符进行有效分割，主要方法包括基于投影分析和基于连通域分析的分割方法。投影分割法通过对字符区域进行水平和垂直投影，得到投影直方图后根据直方图分布情况对分割区间进行判定。对于字符规整的文本区域，因为文本行与行之间的行间距足够大，因此，进行切分较为容易。英文字符由于结构简单且规整，可以采用垂直投影法直接切分并能取得较好的效果，而中文字符由于每个汉字规整且占用相同的方格空间，因此也较易切分。在实际中，通常字符之间存在的粘连、断裂等问题，还需将文档中字符的先验信息应用到分割方法中，以达到较好的分割结果。连通域法是对文本图像进行连通域标记，相邻邻域内的像素会被标记为同一值，然后对符合同一字符长宽比例的字符进行连通域合并，实现单一字符的提取。连通域法对倾斜的文本行字符分割效果较好，并且具有较强的抗噪声干扰特性，但是对粘连字符分割效果不佳。

文本特征的设计与提取是文本识别的关键，提取的特征需要有鲁棒性与有效性，能够区分不同字符的统计特征。最常见的文本特征主要有纹理特征、形状特征等。此外，还有基于结构的笔画特征和边缘特征等。模板匹配和卷积神经网络是字符识别最常用的两种方法。模板匹配就是利用上述特征从字符库中寻找与之特征最为相似的字符。目前，计算机计算能力的提升使得基于模板匹配的方法已被卷积神经网络所取代。相比而言，卷积神经网络能自动从标注样本中提取特征并进行学习，无须烦琐的人工特征设计，权重共享也减少了参数的计算量，因而在字符识别中取得了很好的效果。

考虑到印刷体文档上的字符一般格式排版格式较为统一，因此本书使用传统的字符切分方法并基于卷积神经网络进行字符识别，并对切分方法与卷积神经网络结构进行优化，以达到较好的识别效果。

三、自动对焦

（一）显微自动对焦成像的基本原理

1. 显微镜成像原理

显微镜主要由物镜和目镜构成，通常我们把靠近物体的凸透镜称为物镜，靠近人眼的称为目镜。传统的光学显微镜在目镜端成像由人眼接收，数码显微镜则在目镜端用图像探测器代替人眼，再通过液晶显示器进行显示，其成像原理如图 2-6 所示。

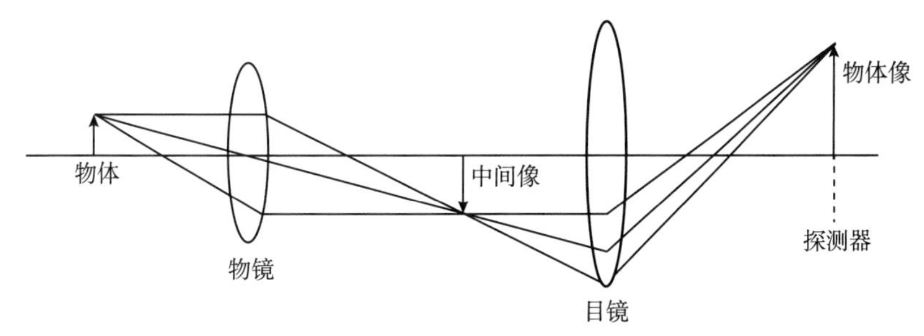

图 2-6　显微镜成像原理图

显微镜成像依据了二次成像原理，物体首先经物镜而成一个倒立放大的实像，该实像作为一个中间像被目镜二次放大后由图像探测器接收。

显微镜主要参数包括数值孔径、放大率、分辨率。数值孔径代表了显微镜头收集光线的能力，其计算公式如下。

$$NA = n\sin(\theta) \tag{2-4}$$

其中，n 为物镜空间介质折射率，θ 为物镜光轴与最外光线夹角。

由于显微镜成像经过了物镜与目镜的两次放大，因此显微镜放大率为物镜放大率与目镜放大率的乘积，若物镜、目镜的放大率分别为 α，β，则显微镜总放大率 M 如下所示：

$$M = \alpha\beta \tag{2-5}$$

显微镜分辨率是指显微镜能分辨的最小距离，可由下式计算。

$$e = 0.61\frac{\lambda}{NA} \tag{2-6}$$

上式中，λ为显微镜光源波长，即显微镜可通过减小波长和增大数值孔径来提高分辨率。

2. 光学成像模型

自动对焦就是通过不断矫正光学系统，使其始终满足成像理论中的物象位置关系而成清晰像的过程。因此，在对自动对焦展开研究前，有必要对成像系统的理论模型进行分析。

为了便于研究，可将光学成像系统简化为单个薄透镜成像，简化后的成像模型如图 2-7 所示。

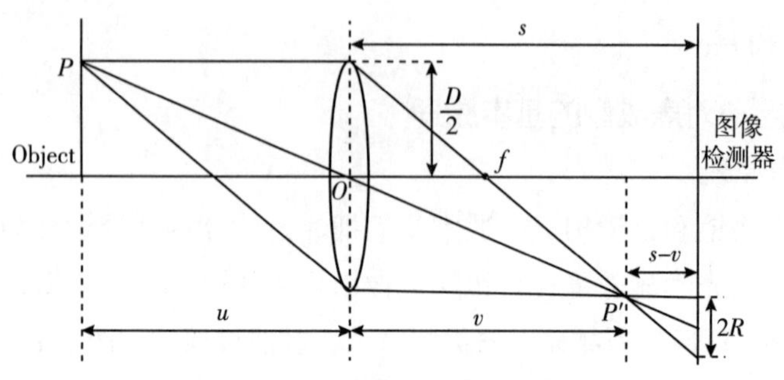

图 2-7　光学成像系统简化模型

图中，P 为物面上的一点，u 为 P 点到透镜中心的距离，v 为聚焦像点 P' 到透镜中心的距离，s 为透镜中心到图像探测器的距离，D 为透镜孔径直径，R 为 P' 落在图像探测器上的模糊像点半径。根据几何光学性质，薄透镜成像满足高斯公式如下所示：

$$\frac{1}{u}+\frac{1}{v}=\frac{1}{f} \tag{2-7}$$

当光学系统精准聚焦时，物像关系满足上式，成理想像，像点为 P' 。当成像系统被破坏，即 u 或 v 的值改变时，将会在探测器上形成一个模糊像点，模糊像点的形状与透镜孔径类似，大小与透镜孔径成一定比例。探测器与聚焦平面的距离越大，即图中 s-v 的值越大时，在探测器上形成的模糊影像点也就越大，光学系统离焦就越严重。当光学系统处于离焦状态时，由图 2-7 中的相似三角形可知，以下关系式成立：

$$\frac{R}{\frac{D}{2}}=\frac{s-v}{v}=s\left(\frac{1}{v}+\frac{1}{s}\right) \tag{2-8}$$

从以上两个公式可得：

$$R=\frac{D}{2}s\left(\frac{1}{f}-\frac{1}{u}-\frac{1}{s}\right)=\frac{D}{2}s\left(\frac{1}{v}-\frac{1}{s}\right) \tag{2-9}$$

由公式（2-9）可知，当 $v=sn$ 时，R=0，此时像面恰好在焦平面处；当 $v<s$ 时，$R>0$，像面在焦面后方；当 $v>s$ 时，$R<0$，像面在焦面前方。因此，可通过改变 v、s、f 的值使像面位于焦面处而成清晰像。由于大多数光学系统通常是定焦系统，在实际运用中大都是通过改变 u 与 v 的值实现自动对焦。

3. 点扩散函数与光学传递函数

点扩散函数（point spread function，PSF）是指光学系统成像时，物空间一点发出的光通过光学成像系统在像空间上的光强分布。光学传递函数（optical transfer function，OTF）是点扩散函数的傅里叶变换，即点扩散函数与光学传递函数分别从空间域与频率域描述了光学成像系统的成像特性。

可将任意成像物体看作呈二维分布的发光点的集合，所以，物体的像可看作分布在

空间的点扩散函数的叠加。即可把物体的像理解为物体图像与成像系统点扩散函数的卷积，由卷积的原理可知，卷积将会造成成像过程中原始图像细节丢失，这也就解释了图像模糊的原因，光学传递函数的幅频响应特性如图 2-8 所示。

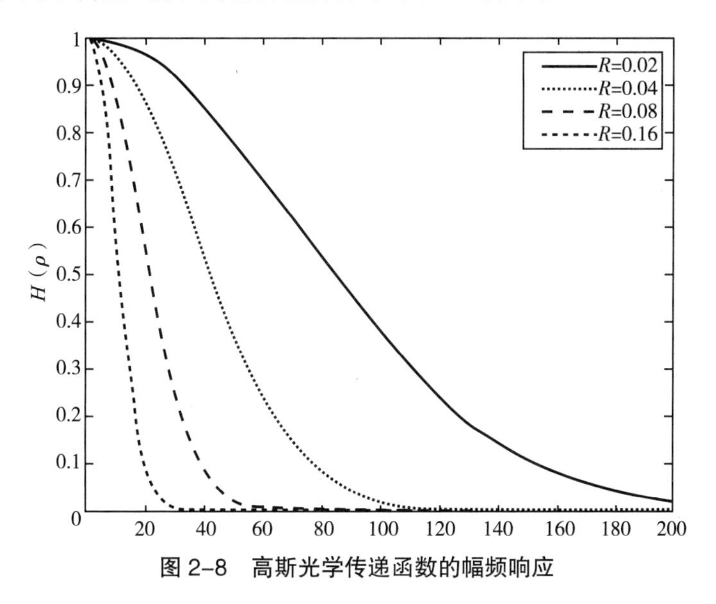

图 2-8　高斯光学传递函数的幅频响应

由图可知，模糊圆半径 R 越大，系统的截止频率越低，即成像系统的点扩散函数具有低通滤波器的功能。当光学系统准确聚焦时，R 很小，系统截止频率很高，可以允许高频分量通过，图像细节清晰。反之，当光学系统离焦时，截止频率变低，高频分量减少，图像变得模糊。这也就解释了高频分量与图像清晰度的关系。同时，也可以发现，图像离焦量的大小是如何在空间域与频率域上体现的，即在空域上表现为模糊圆的大小，而频域上则表现为高频分量的多少。

4. 成像系统的景深与焦深

景深是指当成像系统固定时，物体能够清晰成像的物空间深度，即在该深度范围内随意移动物体，物体成像清晰度几乎不会受到影响。显微系统景深计算公式如下：

$$d = e\frac{n}{N \bullet NA} + \frac{n\lambda}{NA^2} \tag{2-10}$$

其中，e 为像面探测器的极限分辨距离，n 为物方空间折射率，λ为光源波长，M 为显微系统的放大率，NA 为物镜的数值孔径。焦深是指当成像系统固定时，物体成清晰像的像空间深度，通俗理解就是成像清晰时，像面能够移动的距离。

焦深的计算公式如下所示：

$$\delta = 2F^2\lambda \tag{2-11}$$

上式中，$F=f/D$，为显微镜头的光圈系数，λ为光源波长。理解景深与焦深对研究自动对焦系统具有重要意义，其通常用来指导自动对焦中搜索步长的选取。一般来说，最大搜索步长不能超过光学系统的景深或焦深，否则无法获得物体的正焦像，而最小移动步长不能小于景深或焦深的二分之一，以保证最佳成像位置的唯一性。光学系统景深与焦深的关系如图 2-9 所示。

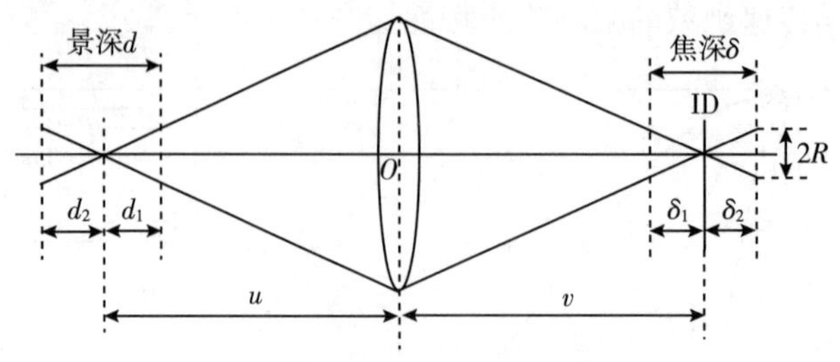

图 2-9　光学系统的景深与焦深示意图

图 2-9 中，d_1 与 d_2 分别为前景深与后景深，δ_1d 与 δ_2d 分别为前焦深与后焦深，u 与 v 分别为物距与像距，ID 为图像探测器，R 为模糊圆半径。

（二）自动对焦方法分类

自动对焦方法大致经历了从早期的测距法到像检测法再到如今的数字图像处理法这 3 个阶段。图 2-10 大致展示了自动对焦方法的分类。

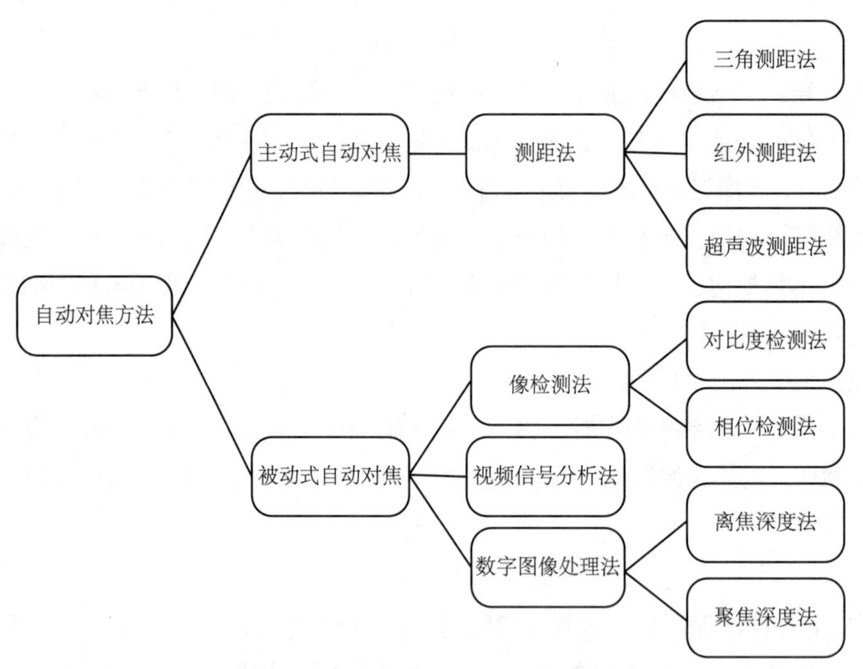

图 2-10　自动对焦方法分类示意图

按有无主动发射装置，可将自动对焦分为主动式自动对焦与被动式自动对焦。主动式自动对焦方法包括三角测距法、红外测距法、超声波测距法等。主动式自动对焦原理为：通过自动对焦系统上的有源装置发射光波或声波信号，该信号经物体反射后再由光电器件接收，以此计算出物体的距离再由执行机构完成对焦。该类方法由于需要额外的有源设备，导致系统复杂，体积庞大，集成度低。此外，当作用距离较长或物体对信号具有强烈的吸收时，对焦成功率较低。

被动式自动对焦方法包括：视频信号分析法、像检测法、数字图像处理法等。视频信号分析法利用了清晰图像高频信号的电平幅度大，模糊图像高频信号的电平幅度小的原理实现自动对焦。像检测法又可分为对比度检测法和相位检测法，两者分别通过检测像的轮廓和向地偏移来实现自动对焦。视频信号分析法和像检测法虽然不需要额外的信号发射设备，但通常需要额外的检测设备。比如，对比度检测法需要在距离正焦面相同位置处安置两个光电探测器，通过比较两个探测器信号的对比度来指导自动对焦，当两个探测器输出结果相等时，此时的像面距两个探测器的距离相等，即刚好在正焦面处，对焦成功。以上方法均存在自身的局限性，对焦精度易受外界影响，目前已很少使用。

数字图像处理法可分为离焦深度法和聚焦深度法这两类。数字图像处理法仅通过获取的图像信息就可实现自动对焦，无须额外的光电检测装置，系统简单，集成度高，是目前主要应用的自动对焦方法之一。

（三）基于图像处理的自动对焦方法

基于图像处理的自动对焦方法结合了光学技术、集成电路、控制算法等技术，相比传统自动对焦技术，具有系统结构简单、集成度高、可靠性好等优点，是目前自动对焦技术研究的主流方向。

基于图像处理的自动对焦首先通过 CCD/CMOS 采集到目标图像，然后将采集到的图像送入中央处理器，处理器会在选定的聚焦区域内分析图像特征，提取图像的频率、梯度等信息，以此来判断此时的离焦状态，最后中央处理器会根据不同的离焦状态执行不同的搜索策略，以更快速地搜索到正焦面。

基于图像处理的自动对焦可分为两大类：离焦深度法（ Depth From Defocus，DFD ）和聚焦深度法（ Depth From Focus，DFF ）。

1. 离焦深度法

离焦深度法可分为基于图像复原的离焦深度法和基于离焦量估计的离焦深度法两种。基于图像复原的方法，首先依据模糊图像中的重要特征来估计光学系统的点扩散函数，再利用图像退化模型对正焦位置处的相关参数进行反演计算，最后根据计算出的相关参数找到最佳聚焦位置。该方法存在的一个关键问题是，根据图像中的特征估算出的点扩散函数并没有很强的泛化能力，无法对所有物体都能很好地聚焦，应用范围具有一定的局限性。

基于离焦量估计的方法，通常仅需要 2 ~ 3 幅模糊程度不同的图像，就可估算出成像物体的距离信息，根据估算出的距离参数即可完成自动对焦。该方法试图建立离焦量与系统成像参数之间的关系，这样就可根据不同的离焦量而快速实现对焦。但这种方法需要预先知道系统的相关参数，离焦模型建立复杂，对焦精度严重依赖所建立的离焦模型，速度虽然快但调焦精度较低。

2. 聚焦深度法

聚焦深度法是一种基于循环搜索的自动对焦方法，通过不断比较图像清晰度找到聚焦位置，对焦流程如图 2-11 所示。

首先是显微成像系统采集目标物图像，然后将图像信息送入 PC 机或嵌入式系统计算分析；由于目标通常不会占据整幅图像，同时考虑到对整幅图像提取图像特征运算量较大，通常会在图像中选定一个聚焦窗口，在选定的聚焦窗口内计算图像的聚焦评价函数值；此后系统会根据图像间聚焦评价函数值的差异而采用不同的搜索步距，最后由电机控制系统控制显微成像系统的位置，上述过程将会一直循环执行，直到获取最清晰的图像为止。

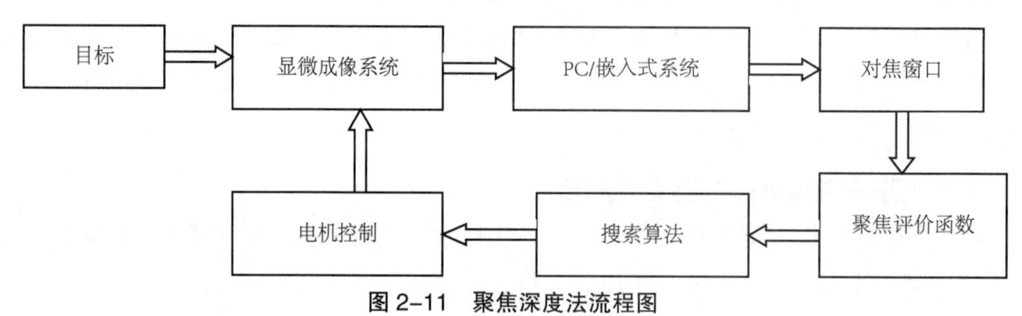

图 2-11　聚焦深度法流程图

聚焦深度法是集光机电算为一体的闭环控制过程，该过程需要采集处理多幅图像，采集的图像数量越多，对焦时间就越长，精度越高。

核心主要包括聚焦窗口的选取、聚焦评价函数的选择、极值搜索算法对步进电机的反馈控制 3 部分。

（1）聚焦窗口的选取。考虑到自动对焦对实时性的要求，应尽可能地减少计算量以提高对焦速度，因此不必对整幅图像提取特征信息。此外，目标图像也并不会完全占据整幅图像，选择聚焦窗口也将减少计算量。一个好的聚焦窗口选取原则是，在减小窗口的同时尽可能多地包含目标，以减小背景信息的干扰。然而，由于目标大小和位置的不确定性，若聚焦窗口选择过大将不可避免地引入背景信息，过小则不能完全包含目标。综上所述，聚焦窗口的选取对自动对焦而言具有重要意义，有必要构建一个合适的聚焦窗口。

（2）聚焦评价函数的选择。聚焦评价函数是自动对焦算法中的核心部分之一，直接参与对图像模糊程度的判断，模糊图像在空域上表现为灰度对比度下降，在频域上表现为高频分量减少，聚焦评价函数就是通过提取图像的频率、灰度梯度等相关特征来判断图像清晰度的。理想的聚焦评价函数需满足如下特征：无偏性、单峰性、灵敏度高、实时性好等，即聚焦评价曲线仅有一个全局极值且恰好对应于正焦位置，在极值两侧曲线分别单调增加和单调减小，在正焦位置附近对焦区间小、灵敏度高，算法时间复杂度低，满足自动对焦的实时性要求。

（3）极值搜索算法。极值搜索算法负责对成像正焦位置的搜索，通常分为两个对焦搜索过程，即粗对焦大步长搜索，精对焦小步长微调，步距的大小参考景深而确定。极值搜索算法的目标就是使显微镜头在步进电机的带动下不断移动，直到图像成像最清晰为止，且该过程要求尽可能快，搜索到的正焦平面位置尽可能准。所以，理想的搜索算法应具有速度快、精度高、可移植性好等优点。

第三节 图像的质量

数字图像处理有两个目的：一是改善图像的质量，便于观察和机器识别，提高定量分析的准确性，常用的方法有图像增强、平滑、复原等；二是将图像中我们感兴趣的部分提取出来，通过一些数学概念，实现线束端面的定量描述，从而建立图像的特征参数与其表征的物理性能之间的关系。

一、数字图像处理技术

任何一幅图像都可以用一个二维函数 $f(x, y)$ 来表示，如下式（2-12）所示，其中 x，y 为空间坐标，该函数的幅值 f 被称为图像在该点的灰度值。当图像的 x，y 和 f 三者都为有限的离散数值时，则称该图像为数字图像。也就是说，数字图像是由有限数量的元素组成的，每个元素都有一个与之对应的幅值，这些元素通常被称为像素。

$$f(x,y)=\left\{\begin{matrix} f(0,0) & f(0,1) & \cdots & f(0,N-1) \\ f(1,0) & f(1,1) & \cdots & f(1,N-1) \\ \vdots & \vdots & & \vdots \\ f(M-1,0) & f(M-1,1) & & f(M-1,N-1) \end{matrix}\right. \quad (2\text{-}12)$$

数字图像处理技术就是指借助计算机等辅助工具来处理数字图像，通过图像平滑、锐化、分割、复原、表示以及目标识别等多种方法，帮助人们提取出图像中各种有用的数据或信息。另外，数字图像的开发环境通常都为软件，只有较少部分是通过专用硬件进行实时处理。

在计算机技术发展程度日益加深的基础上，数字图像处理技术的独特优势也逐渐显现出来，总结下来，有以下 3 个特点。

（1）处理精度高。由于数字图像是由有限个像素排列组成，处理过程中用来计算的对象是像素的灰度值，因此理论来说，无论多高精度的数字图像都可以转换为数值阵列进行处理。

（2）可恢复性。数组的灰度组合可以将图像更为准确地表现出来，在传输和处理过程中，不会造成图像的失真或丢失信息，能够保持完好的再现性。

（3）灵活性高。在对数字图像进行处理时，可以直接对像素数组进行操作，例如，放大、缩小和各种逻辑运算（包括一些复杂的非线性运算）等。

基于此，数字图像处理技术被广泛地应用于工业检测领域，因此，将图像处理技术与线束金相分析相结合已成为必然趋势。

二、图像预处理

在对采集到的图像进行分析处理时，由于试样制备时不平整的磨痕、残留的腐蚀液以及腐蚀程度不均衡等缺陷会造成图像灰度的差异。另外，在图像采样、传输和显示过程中，由于设备和环境的影响，输入计算机中的金相图像会存在较多噪声干扰，这些问题都会对后续的特征参数的测量造成严重影响。因此需要对金相图像进行有效的预处理，减弱或消除其他干扰信息带来的影响。

（一）灰度化

通过图像采集模块输入计算机中的线束端面图像是 JPEG 格式的彩色图像。对于彩色图像而言，每个像素都包括 R，G，B3 个分量，每个分量各具有 256 级亮度。因此，一幅彩色图像包含的数据量非常多，当对图像进行处理时，需要分别对这 3 个分量进行计算，计算过程将会耗费大量时间，从而大大减缓系统的运行速度。而灰度图像中的每个像素的灰度值只用一个数值表示，与彩色图像一样，灰度图像也能反映图像的整体或局部的亮度等级分布特征。采用的是加权平均法对图像进行转换，也就是根据人眼对不同颜色的敏感程度，使用不同的权重对 R，G，B 这 3 个分量进行加权处理，灰度的计算公式为：

$$f(x, y) = 0.2989R(x, y) + 0.5870G(x, y) + 0.1140B(x, y) \tag{2-13}$$

图 2-12 中（a）和（b）分别为原始彩色图像和转换后的灰度图像。

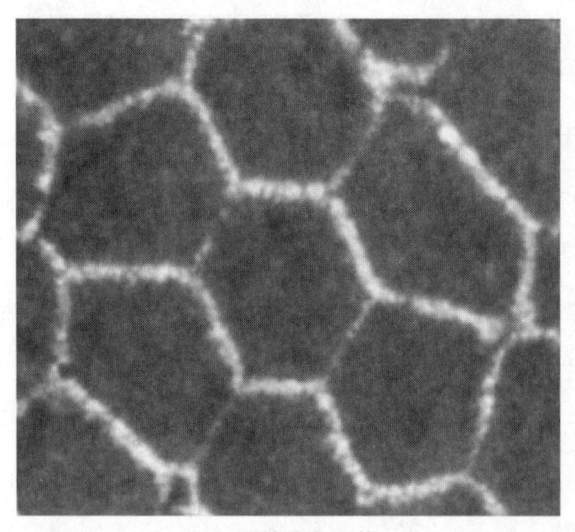

（a）原始彩色图像

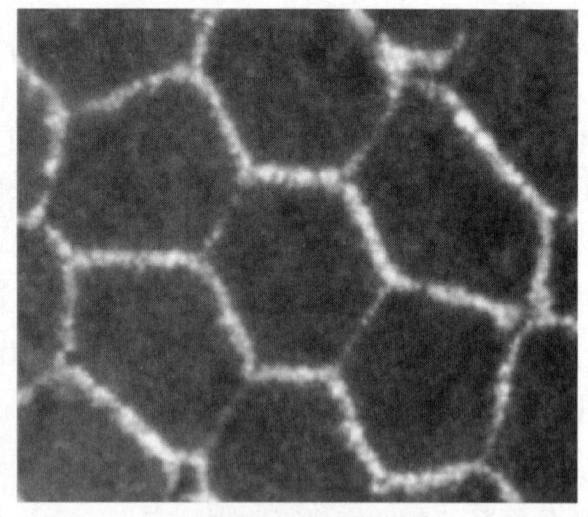

（b）转换后的灰度图像

图 2-12　原始彩色图像和转换后的灰度图像

（二）图像增强

图像增强的目的是突出金相图像中线束端面各线芯部分，使处理后的图像更容易、准确地被机器识别。值得注意的是，在增强图像的过程中，应当避免对噪声的放大，从

而严重影响图像的质量。另外，图像增强应当在提高图像整体对比度的同时，避免图像细节特征部分被破坏。

根据处理过程所在空间的不同，图像增强的方法可分为两大类：空间域处理和频率域处理。顾名思义，空间域就是指图像的空间平面，而空间域处理就是直接对图像上的像素进行操作。而频率域处理把图像视为一个二维信号，通过傅里叶变换，在图像的频率域上进行操作，然后再通过反变换返回到空间域，间接实现图像的增强处理。我们通过对图像进行对比度增强，消除噪声等方式，以此来达到图像增强的目的。常用的方法有灰度变换、直方图均衡、平滑滤波和图像锐化等。本系统提供以下几种图像增强的方法，供用户自主选择。

1. 灰度变换

灰度变换的实现原理较为简单，其实质是按照一定的函数关系改变图像中所有像素的灰度值，主要起扩展图像的对比度、优化显示效果的作用，可用以下公式来表示：

$$S = T(r) \tag{2-14}$$

上式中，r 表示处理前图像的灰度值，S 表示经过灰度变换后图像的灰度值，T 被称为灰度变换函数。根据灰度值变化是否呈比例关系，灰度变换可分为线性变换和非线性变换。采用非线性变换中的对数变换和伽马变换以及线性变换中的分段线性变换三种方法来调节图像的对比度，凸显图像的一些细节变化。

（1）对数变换。对数变换可以将输入图像中较窄范围的低灰度值映射为较宽范围的灰度值，相反，也可以将输入图像中范围较宽的灰度值映射为较窄范围的低灰度值。该变换表示如下：

$$S = C\log(1+rf) \tag{2-15}$$

其中 C 是常数且 $r \geqslant 0$。本系统取常数 C 为 1。我们利用对数变换来扩展图像中的低（暗）像素，对较高（亮）像素进行压缩，主要用于增强整体对比度偏低并且灰度值偏低的线束端面金相图像。

（2）伽马变换。伽马变换又称为幂律变换，其基本形式为：

$$S = Cr^{y} \tag{2-16}$$

式中，C 和 y 均为正常数，且对于不同的值，取得的效果也不相同。

通过设置参数 C=1，y=5，使得输入图像中灰度级较高的区域得到扩展，灰度级较低的部分会被压缩，用于修正线束端面金相图像整体偏亮或者有“冲淡”的外观。

（3）分段线性变换。分段线性变换较比上述两种方法更为灵活，通过将我们感兴趣的灰度区间进行拉伸，并对其余的灰度区间进行压缩，进而影响输出图像的对比度，以此突出金相图像中的线性部分。通常将灰度变换分为 3 段，如公式（2-17）所示，其中，斜率 y_1 和 y_3 都小于 1，斜率 y_2 大于 1，从而拓展了 $[r_1, r_2]$ 区间的灰度值。

$$s=\begin{cases}\gamma_1\gamma+b_1 & 0\leqslant r\leqslant r_1\\ \gamma_2\gamma+b_2 & r_1\leqslant r\leqslant r_2\\ \gamma_3\gamma+b_3 & r_2\leqslant r\leqslant r_3\end{cases} \tag{2-17}$$

我们以分段线性变换为例，其变换函数如图 2-13(b) 所示，图 2-13(a) 和 (c) 为分段线性变换前后图像对比，可以看到，变换后的图像对比度明显得到增强，边界的显示也更加清晰。

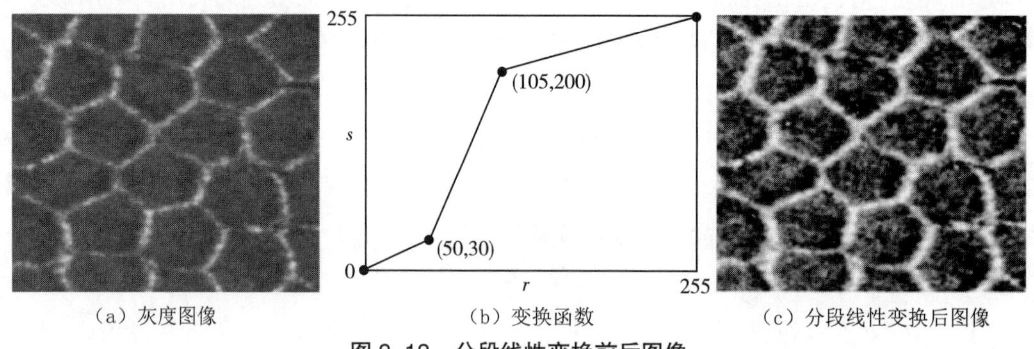

(a) 灰度图像　(b) 变换函数　(c) 分段线性变换后图像

图 2-13　分段线性变换前后图像

2. 直方图均衡

灰度直方图能够直观地显示图像的灰度分布，其中直方图的横坐标为图像的灰度级，纵坐标为该灰度级出现的频率。图像的灰度直方图可以形象地描述灰度级不同的像素之间数目的比例关系。但是，不能说明这些像素在图像中出现的位置，也可以说，灰度直方图反映的是整幅图像的明暗情况，而不能表现图像的局部细节。

直方图均衡是一种修改图像直方图的方法。通过均衡化的变换函数，使得图像在每个灰度级上呈现数量大致相同的像素，减少原图像直方图的尖锐部分，使其变得平缓，反映到图像上，将是一幅灰度范围较大的高对比度图像。

考虑到数字图像的空间坐标和像素点均为离散值，对于一幅灰度级范围为 [0，$L-1$] 的图像，其灰度级出现的概率可近似表现为：

$$p_r\left(r_k\right)=\frac{n_k}{MN},k=0,1,2,\cdots,L-1 \tag{2-18}$$

式中，MN 为图像的总像素，r_k 为第 k 个灰度级，n_k 为灰度级为 r_k 的像素个数，L 为图像中可能灰度级的数量。

归一化后的直方图可由 r_k 与 $p_r(r_k)$ 一一对应来表示。均衡化变换函数的离散公式为：

$$s_k=T\left(r_k\right)=\left(L-1\right)\sum_{j=0}^{k}p_r\left(r_j\right)=\frac{\left(L-1\right)}{MN}\sum_{j=0}^{k}n_j,k=0,1,2,\cdots,L-1 \tag{2-19}$$

通过该变换，输入图像中灰度级为 r_k 的各像素被映射到输出图像中灰度级为 s_k 的各像素中。经过直方图均衡处理后的图像如图 2-14 所示，对比处理前后图像的直方图可以发现，均衡化后图像灰度级的动态范围得到了拓展，特别是集中在 [90，140] 区间的灰

度级被扩宽到更大范围。但是，直方图均衡化并不会产生新的灰度级，而且直方图是由近似的概率密度函数来表示，所以经均衡变换后图像的直方图并不是完全均匀和平坦的。与分段线性变换结果向类似，直方图均衡化后的图像显示出更加强烈的明暗对比度，图像上的局部细节更为明显，特征区域也变得更加清晰。

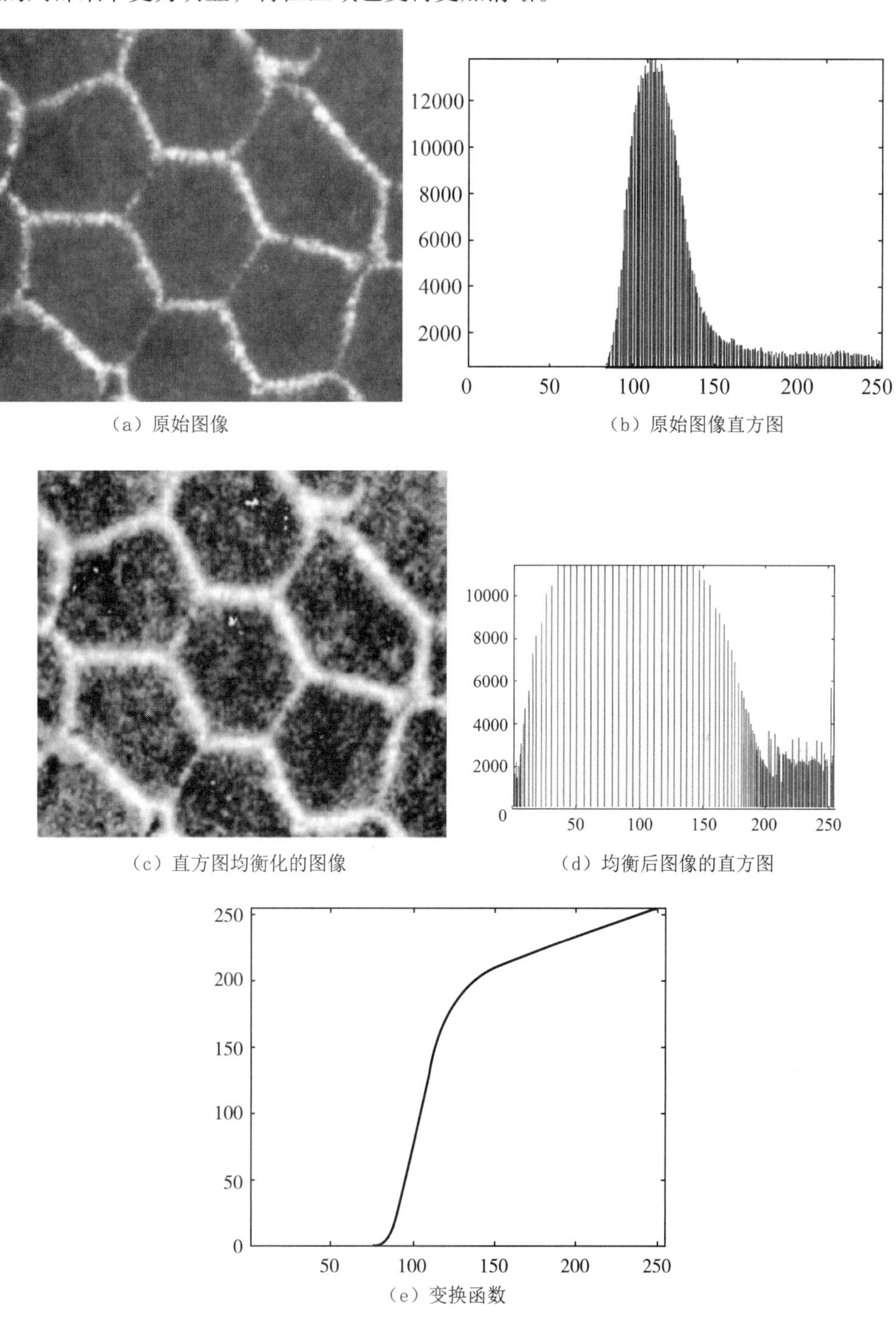

图 2-14　直方图均衡化处理

3. 平滑滤波

图像的平滑滤波技术也就是图像的去噪处理。在获取线束端面金相图像的过程中，受系统硬件和周围环境等因素的影响，输入的图像都会有各种噪声存在，例如，成像传感器受环境温度的影响形成的热噪声、数字化过程中产生的量化噪声以及各种电子元器件所具有的固有噪声等。噪声的存在不仅会造成图像在一定程度上的失真，还会破坏一些细节特征，影响后续处理和测量的准确性。为了在保留完整细节特征的基础上减弱或消除噪声对图像的干扰，需要对线束端面图像进行滤波处理。

用于平滑滤波的方法有很多，在空间域上，噪声与其领域的灰度值之间存在较大的差异，一般可以用均值滤波或者中值滤波来减少噪声；在频率域上，噪声表现为傅里叶变换的高频内容，因此可通过衰减高频来达到平滑目的，通常采用高斯低通滤波进行处理。

（1）均值滤波。均值滤波是最常用的线性平滑滤波方法，其基本思想是用滤波器模板包围的邻域内各点灰度（不包括该点）的平均值来代替当前像素点的灰度值，从而减少了图像灰度的尖锐变化，起平滑的作用。

从均值滤波的处理过程可以看出，图像内所有像素采用统一的处理方法，因此运算速度较快。但由于图像边缘的灰度值与其周围像素的灰度值区别较大，所以均值滤波也会破坏图像的边缘信息，不利于接下来的分析与测量，并且窗口尺寸选择得越大，图像的模糊程度越严重，而尺寸越小虽然能够保留图像上较多的边缘信息，但降噪的效果会变差。

（2）中值滤波。中值滤波是一种非线性空间滤波方法，这种方法的基本思想是将滤波器模板包围的邻域内各点灰度（包括该点）的中值代替当前像素点的灰度值。

中值滤波可以使拥有不同灰度的点看起来更接近于它的邻近点，对于灰度值较大（小）的噪声经过统计排序后，该处的灰度值减少（增加）为与领域相近的数值。对于区域小于滤波器区域一半的孤立像素族而言，中值滤波处理效果十分理想。因此，中值滤波可以消除孤立的噪声点和线段。而且与相同尺寸的线性平滑滤波器相比，造成图像的模糊程度明显偏低。

（3）高斯低通滤波。高斯低通滤波也是一种线性平滑滤波方法，但其处理过程发生在频率域。对图像进行傅里叶变换，可将频率与图像上的灰度变化联系起来，其中低频对应于图像中灰度平缓的部分，也就是图像的大致相貌和轮廓，而高频则对应着图像中灰度急剧变化的部分，也就是图像的细节特征，而噪声一般被包含在高频分量中。高斯低通滤波就是通过衰减高频成分，从而将一部分噪声滤除。

4. 图像锐化

尽管中值滤波的处理效果较好，但仍会在一定程度上破坏图像的边缘信息，为了尽可能减少对后续分割效果的影响，需要对图像的边缘轮廓进行增强，本书采用图像锐化的方法实现这一目的。

从空间域角度来看，图像模糊是由于像素经过了平均或积分运算造成，因为均值处

理与积分类似，所以逻辑上我们可以通过微分运算使图像恢复清晰。而从频率域角度分析，图像模糊是由于高频成分被衰减所致，所以图像锐化可以反过来衰减傅里叶变换中的低频成分，从而增强图像的边缘信息。

同样的，按照处理空间不同，图像锐化可以分为微分法和高通滤波法。其中，微分法可通过一阶微分算子和二阶微分算子实现，考虑到在增强细节方面二阶微分要比一阶微分的效果好，因此本线束端面定量分析系统选择二阶微分 Laplace 算子来完成图像的锐化。考虑到线束端面图像的锐化效果，本系统采用的是 Laplace 算子的扩展模板，如图 2-15 所示。

－1	－1	－1
－1	8	－1
－1	－1	－1

图 2-15　系统选用的模板

为了在增强图像边缘的同时不产生其他干扰因素，我们还需要将锐化前后的图像进行相加，如以下公式所示：

$$g(x,\ y)=f(x,\ y)+\nabla^2 f(x,\ y) \tag{2-20}$$

对经过去噪滤波后的线束端面图像进行锐化处理，效果如图 2-16 所示。

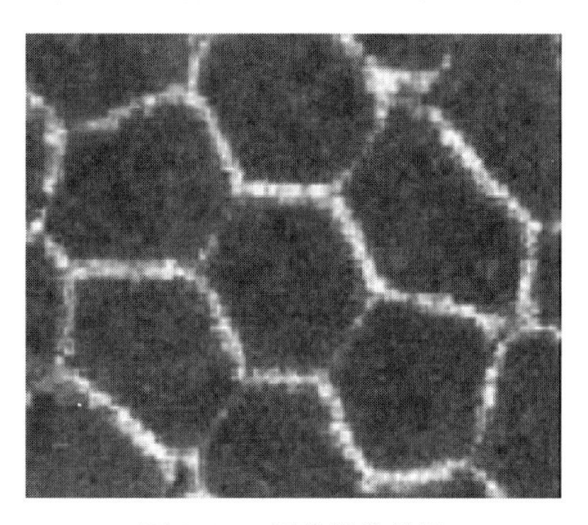

图 2-16　图像锐化结果

第四节　数字图像处理的应用

图像是人类获取和交换信息的主要来源，因此，图像处理的应用领域必然涉及人类生活和工作的方方面面。随着人类活动范围的不断扩大，图像处理的应用领域也将随之不断扩大。

一、航天和航空技术方面的应用

数字图像处理技术一方面是在航天和航空技术方面的应用，如 JPL 对月球、火星照片的处理，另一方面的应用是在飞机遥感和卫星遥感技术中。

许多国家每天派出很多侦察飞机对地球上有兴趣的地区进行大量空中摄影。对由此得来的照片进行处理分析，以前需要雇用几千人，而现在改用配备有高级计算机的图像处理系统来判读分析，既节省人力，又加快了速度，还可以从照片中提取人工所不能发现的大量有用情报。从 20 世纪 60 年代末以来，美国及一些国际组织发射了资源遥感卫星（如 LANDSAT 系列）和天空实验室（如 SKYLAB），由于成像条件受飞行器位置、姿态、环境条件等影响，图像质量总不是很高。

因此，以如此昂贵的代价进行简单直观的判读来获取图像是不划算的，必须采用数字图像处理技术。如 LANDSAT 系列陆地卫星，采用多波段扫描器（MSS），在 900 千米高空对地球每一个地区以 18 天为一周期进行扫描成像，其图像分辨率大致相当于地面上十几米或 100 米左右（如 1983 年发射的 LANDSAT-4，分辨率为 30 米）。这些图像在空中先处理（数字化，编码）成数字信号存入磁带中，在卫星经过地面站上空时，再高速传送下来，然后由处理中心进行分析判读。这些图像无论是在成像、存储、传输过程中，还是在判读分析中，都必须采用很多数字图像处理方法。

现在世界各国都在利用陆地卫星所获取的图像进行资源调查（如森林调查、海洋泥沙和渔业调查、水资源调查等），灾害检测（如病虫害检测、水火检测、环境污染检测等），资源勘察（如石油勘探、矿产量探测、大型工程地理位置勘探分析等），农业规划（如土壤营养、水分和农作物生长、产量的估算等），城市规划（如地质结构、水源及环境分析等）。

二、生物医学工程方面的应用

数字图像处理在生物医学工程方面的应用十分广泛，而且很有成效。除了上面所介绍的 CT 技术外，还有一类是对医用显微图像的处理分析，如红细胞、白细胞分类，染色体分析，癌细胞识别等。此外，在 X 线肺部图像增晰、超声波图像处理、心电图分析、立体定向放射治疗等医学诊断方面都广泛地应用图像处理技术。

三、通信工程方面的应用

当前通信的主要发展方向是声音、文字、图像和数据结合的多媒体通信。具体地讲，是将电话、电视和计算机以三网合一的方式在数字通信网上传输。其中以图像通信最为复杂和困难，因图像的数据量巨大，如传送彩色电视信号的速率达 100Mbit/s 以上。要将这样高速率的数据实时传送出去，必须采用编码技术来压缩信息的比特量。在一定意义上讲，编码压缩是这些技术成败的关键。除了应用较为广泛的熵编码、DPCM 编码、变换编码外，目前，国内外正在大力开发研究新的编码方法，如分行编码、自适应网络编码、小波变换图像压缩编码等。

四、工业和工程方面的应用

在工业和工程领域中，图像处理技术有着广泛的应用，如自动装配线中检测零件的质量并对零件进行分类，印刷电路板疵病检查，弹性力学照片的应力分析，流体力学图片的阻力和升力分析，邮政信件的自动分拣，在一些有毒、放射性环境内识别工件及物体的形状和排列状态，先进的设计和制造技术中采用工业视觉等。其中，值得一提的是研制具备视觉、听觉和触觉功能的智能机器人，将会给工农业生产带来新的激励，目前已在工业生产中的喷漆、焊接、装配中得到有效利用。

五、军事公安方面的应用

在军事方面，图像处理和识别主要用于导弹的精确末制导，各种侦察照片的判读，具有图像传输、存储和显示的军事自动化指挥系统，飞机、坦克和军舰模拟训练系统等；公安业务图片的判读分析，指纹识别，人脸鉴别，不完整图片的复原，以及交通监控、事故分析等。目前，已投入运行的高速公路不停车自动收费系统中的车辆和车牌的自动识别都是图像处理技术成功应用的例子。

六、在影视服装中的材料应用

作为服装的三大要素之一，材料不仅诠释着服装的风格与特征，而且直接左右着服装的色彩和造型的表现效果。各种面料都有自己的“性格表情”，服装设计者的工作是从研究剧本开始，由分析人物性格特征入手，根据剧情和剧本主题，结合自己的生活体验与资料积累，进行人物形象的造型设计，使演员的服装与剧中人物的身份特征相吻合，与剧中特定形象的整体基调相协调。传统的服装材料通常是大批量生产的常规面料，以至于我们随处都能见到这类面料。而创新是对它进行再次设计，科学合理地利用其质感、图案、色彩，通过肌理效果等工艺进行再造加工；或借用纺织纤维染料改变色调、去除光泽，所表达的风格将会发生变化。这样，在改变材料外观的同时，更大程度上发挥了材料本身的视觉美感，形成了新颖独特的表现手法，服装整体风格浑然天成，为设计者提供永不枯竭的创造源泉。

计算机科学的发展，给古老的纺织服装业注入了新的活力。计算机辅助设计（CAD）、计算机辅助生产（CAM）和数字图像处理技术相继应用到服装产业的设计、生产和检测等工序。数字图像处理技术是指利用计算机及其他相关的数字技术，对图像执行某种运算或处理，从而实现某种预想目的的技术。20 世纪 80 年代初，数字图像处理技术已经开始应用到纺织服装产业中的各个领域，如对纤维的细度、表面形态的测量，纱线混纺比及毛羽的测试与分析，织物密度、疵点及悬垂性测试与评价等。目前，已有一些研究将数字图像处理技术运用到服装产品的缝纫线疵点检测和服装表面褶皱的测试与分析。而利用数字图像处理技术获取服装的款式信息，并将之与服装设计或数据分析有效衔接，已经成为数字化纺织服装产业的重要研究和发展方向，同样也是影视服装材料创新实践的重点突破方向。

（一）影视材料的选择和依据

影视服装借助舞台这样一个特定的空间展示着自己独特的魅力。同时，透过服装也体现着设计者对内容及人物心理的暗示，充分体现人物形象的特征，使之服务于舞台，符合剧情要求。然而，与生活服装不同，材料除了满足舞台上特殊的动作需求外，还将适应服装的一些特殊效果制作，如将服装做旧、撕扯或染色等破坏性处理，以夸张的表现手法和强烈的视觉效果来表达剧中人物的特定时空与身份。影视服装来源于生活服装，在选择材料时要以一定的现实生活为依据，但又不是纯粹的再现。很多生活装中不能用到的、被人们所忽视的材料，或许能够经过再次设计而丰富其外观，成为最佳状态展现出来并取得一定的审美效应。在影视服装设计中，服装的材料不仅是某种具体的面料成分，也是一个重要的设计元素，是舞台的表情符号，是角色的身份符号，服装的象征手段，有时直接表现人物性格，表现形象的精神状态。在造型上，强调的是它的功能性、可穿性，而在面料选择上应能够揭示主题、彰显人物身份，诸如，以厚实的呢料增其典雅、端庄与力度，以闪光面料显其富丽堂皇，以真丝绸缎抒其华丽柔美……但是现实生活中材料毕竟有限，如拓展常规材料的表现领域，根据舞台空间的特定性、戏剧表演样式的丰富性重新定义，让材料表情化、多样化，使材料的形式表象更贴切特定戏剧空间的整体基调。

服装款式是由服装的内部细节和外部轮廓变化所构成的，反映了服装结构的形状特征，也是服装实用性、艺术学和社会性的具体表现。服装资料主要以图像形式表示，无论是服装设计平面图还是服装实物图，都是通过图像传递服装信息，并且直观地体现了服装的款式信息。利用图像特征提取技术，将服装设计平面图或服装实物图中款式信息提取出，例如，服装的轮廓、结构线或者衣片部件，这将有助于提高服装设计师设计服装的效率，快速地获取感兴趣的服装元素。

由此可见，将图像处理技术全方位运用到影视服装材料的选择中是符合影视服装选择的依据的，是具有创新意识和创新手段的。

（二）图像处理技术运用影视服装材料选择的总体方案设计

影视服装材料款式识别方法的研究主要分为 4 部分：一是服装材料获取，因此本书需要建立一个款式丰富、样本充足的服装材料样本库；二是对服装材料进行预处理，分割得到平滑规整的服装轮廓；三是服装材料进行轮廓特征的提取及其分类方法的设计，采用了两种方案进行对比分析，方案一构造了轮廓曲率特征点特征并进行基于 Hausdorff 距离的模板匹配，方案二提取了傅里叶描述子特征并进行支持向量机分类；四是根据实验结果对比分析得出最优的服装款式识别方案，方案各部分的主要内容如下。

服装轮廓的分割是服装款式识别的关键，轮廓曲线的平滑和规整程度决定了后续形状特征描述的准确性。然而，由于服装上的图案和纹理的干扰，传统的基于边缘分割的轮廓提取算法获得的服装轮廓纹理噪声很多，容易造成漏分割和过分割，曲线不够平

滑。为了更好地分割服装图像，针对服装图像本身存在的图案丰富、花纹繁多且易与背景混淆等特点，本书提出一种基于灰度变换的预处理方案。通过适度拉伸灰度区间，增强了服装图像与背景的对比度，经过二值化和一系列形态学处理后，服装图像边界清晰，Canny 算子边缘检测后进行频域的傅里叶滤波，最终得到平滑的服装轮廓。当前轮廓特征提取及其分类方法研究中，存在轮廓特征的提取技术较复杂，其分类方法的效率低、适应性差等现状。因此，在轮廓特征提取及其分类方法研究中设计两个方案进行探索，结果对比分析择优作为最终方案。平滑曲线的弯曲和扭转特性可以通过曲线的曲率反映，曲线的拐点往往是此段曲线的曲率极值点，因此曲线的大致形状可以通过曲率极值点勾勒出来，而这些曲率极值点就代表了曲线的主要形状特征。由此，从服装轮廓曲线中提取此类点来代表服装轮廓形状特征，作为特征向量以供后续款式分类用。在分类方法上，Hausdorff 距离可定量描述两个点集之间的相似性，其在计算上简单，同时对于两个目标形状整体相似程度的判定比欧式距离更适合，可以用于对服装轮廓曲率特征点的分类。因此本书方案一，设计了一种名叫轮廓曲率特征点的服装轮廓特征描述方法，轮廓曲率特征点直接和轮廓形状特征对应，计算简单，代表性强；并根据其特点，采用基于 Hausdorff 距离的模板匹配进行分类。传统傅里叶描述子在描述轮廓特征时具有计算简单、描述能力强的优势，表达了全局的边界形状特征，并且对图像的平移、旋转、缩放都具有不变性，因此比较适合用于服装轮廓的特征提取。SVM 在图像识别中有着广泛应用，其解决小样本、非线性和高维度等模式识别中分类能力和泛化能力突出，可以采用 SVM 作为傅里叶描述子的分类器。

（三）图像处理技术在影视服装材料选择的应用

根据服装款式识别的总体方案设计，服装图像预处理是研究的基础，预处理后得到的服装轮廓与后续轮廓形状特征的提取和分类有着密不可分的关系。

1. 服装材料选择预处理

服装图像预处理得到服装轮廓是服装款式识别的关键，轮廓曲线的平滑和规整程度会影响后续形状特征描述的准确性。服装图像预处理方案主要包含两部分：服装图像分割和服装轮廓提取。其中，服装图像分割包括灰度线性变换、阈值分割和一系列形态学处理；轮廓提取包括算子边缘检测和频域的傅里叶滤波。

2. 基于轮廓曲率特征点的模板匹配法设计

预处理分割得到的服装轮廓，是服装款式特征的主要体现，例如，衣袖、衣领、裤筒等特征明显的形状。如能快速简捷地提取和表达这些特征，将会使服装款式的识别更加便捷。提取服装轮廓的曲率特征点，然后分别与八个款式的轮廓曲率特征点模板相匹配，相似度采用均值 Hausdorff 距离度量，最小 MHD 对应的模板款式即为该样本的预测款式。

3. 基于轮廓傅里叶描述子的 SVM 分类法设计与实现

采用预处理方案获得服装轮廓，然后执行本方案。本方案主要包括：提取服装轮廓的一维傅里叶描述子，然后进行 SVM 分类。其中傅里叶描述子需要进行标准化，并选取适当的长度；SVM 分类首先对提取的傅里叶描述子进行数据的预处理；然后随机抽取 60% 的样本为训练集，进行参数选择和分类器的训练；剩余 40% 的样本为测试集，进行款式的预测。

（四）图像处理技术在影视服装材料应用中的创新

材料的创新是多途径的，既有极强的实验性和偶然性，又有丰富的表现手法。要想追求适宜的材料达到理想的创意理念，必须熟悉材料，亲近材料，在原有的面料基础上，尝试运用不同的手段加以实验和改造，利用增加、破坏、解构等方法对原有材料进行艺术加工，通过创意和想象，形成一种特殊效果，给视觉以全新的刺激，拓宽常用服装材料的表现空间。多种材料的重组：例如，各种纺织品、针织品、皮草、珠片等混合搭配，能够体现材料的多样性表达，从而获得丰富的视觉效果。因此，需要敏感把握不同元素组合的随机效果，及时把握最佳的设计方案。对材料进行破坏：按设计构思对原有的面料进行人为的破坏，如镂空、抽丝、剪切等形成各种裂痕的形态，造成一种错落有致、亦实亦虚的效果，具有极强的实验性，必须通过对它们反复尝试与对比才能获得表达较为准确的设计方案。传统与现代结合：从蜡染、刺绣等传统工艺中获得灵感，表现出令人感到意外的色彩效果和丰富的表面肌理。服装材料的再创造是服装创作的重要设计手段，单纯从服装的款式、色彩、工艺等艺术角度进行尝试是远远不够的，注重开发与创新，让材料情绪化、风格化是我们重新考虑的问题。款式变化会受到功能需求的影响，而在材料上的再创造又拓展了我们的视野，丰富了服装的表现力，能够带给观众一定的视觉感受，对戏剧的内容有一定的暗示作用，能够同布景设计创造的环境共同揭示戏剧的主题思想。

由于服装素材大多以图像形式存在，因此利用现有的数字图像处理技术和模式识别技术对服装图像处理，可实现对服装款式的识别。但在当前服装款式识别的研究中，存在传统基于边缘检测的图像预处理方法获得的服装轮廓存在纹理噪声，不够平滑的问题；对服装轮廓特征提取及其分类的现有方法存在不足之处，包括：衣片结构数学模型难建立、小波傅里叶描述子相似度判别较复杂、欧式距离判别效率低和 ELM 分类适应性差等问题。

第三章　图像分割的方法

第一节　图像分割的概述

图像分割就是把图像分成若干特定的、具有独特性质的区域并提出感兴趣目标的技术和过程，它是由图像处理到图像分析的关键步骤。现有的图像分割方法主要分以下几类：基于阈值的分割方法、基于区域的分割方法、基于边缘的分割方法以及基于特定理论的分割方法等。从数学角度来看，图像分割是将数字图像划分成互不相交的区域的过程。图像分割的过程也是一个标记过程，即把属于同一区域的像素赋予相同的编号。

一、图像分割描述

网络拉近了人与人之间的距离，人们对计算机视觉技术也越来越依赖，研究者在本领域中探索的脚步也从未停止。而图像分割是低级视觉到高级视觉的桥梁，图像数据分析和处理的核心思路，使得原始图像的特征和参数转化为抽象的形式，在此基础上进行高层次的分析。

目前，已有的图像分割技术，大都是针对特定的应用而设计的，因此，图像分割方法的普适性较差，并存在一定的局限性。对于图像信息的研究和分析，是为了提取图像中我们所需要的信息，而所需要的信息是指感兴趣的区域。

对于能引起兴趣的区域，称为目标对象或前景，为了提取图像中的前景区域，必须把它和背景区域分开，只有得到前景区域才能做进一步研究和分析。图 3-1 就是图像分割在图像工程中占据的位置。

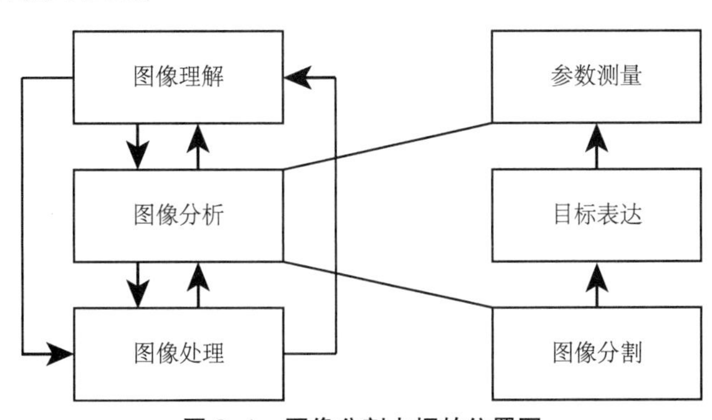

图 3-1　图像分割占据的位置图

二、图像分割的理论定义

图像分割至今尚无通用的自身理论。随着各学科许多新理论和新方法的提出，出现了许多与一些特定理论、方法相结合的图像分割方法。

（一）聚类分析

特征空间聚类法进行图像分割是将图像空间中的像素用对应的特征空间点来表示，根据它们在特征空间的聚集对特征空间进行分割，然后将它们映射回原图像空间，得到分割结果。其中，*K* 均值、模糊 *C* 均值聚类（FCM）算法是最为常用的聚类算法。*K* 均值算法先选 *K* 个初始类均值，然后将每个像素归入均值离它最近的类并计算新的类均值。迭代执行前面的步骤直到新旧类均值之差小于某一阈值。模糊 *C* 均值算法是在模糊数学基础上对 *K* 均值算法的推广，是通过最优化一个模糊目标函数实现聚类，它不像 *K* 均值聚类那样认为每个点只能属于某一类，而是赋予每个点一个对各类的隶属度，用隶属度更好地描述边缘像素亦此亦彼的特点，适合处理事物内在的不确定性。利用模糊 *C* 均值（FCM）非监督模糊聚类标定的特点进行图像分割，可以减少人为的干预，且较适合图像中存在不确定性和模糊性的特点。

FCM 算法对初始参数极为敏感，有时需要人工干预参数的初始化以接近全局最优解，提高分割速度。另外，传统 FCM 算法没有考虑空间信息，对噪声和灰度不均匀较为敏感。

（二）模糊集理论

模糊集理论具有描述事物不确定性的能力，适合图像分割问题。自 1998 年以来，出现了许多模糊分割技术，在图像分割中的应用日益广泛。模糊技术在图像分割中应用的一个显著特点就是它能和现有的许多图像分割方法相结合，形成一系列集成模糊分割技术，例如，模糊聚类、模糊阈值、模糊边缘检测技术等。

模糊阈值技术利用不同的 S 型隶属函数来定义模糊目标，通过优化过程最后选择一个具有最小不确定性的 S 函数。用该函数增强目标及属于该目标的像素之间的关系，这样得到的 S 型函数的交叉点为阈值分割需要的阈值，这种方法的困难在于隶属函数的选择。基于模糊集合和逻辑的分割方法是以模糊数学为基础，利用隶属图像中由于信息不全面、不准确、含糊、矛盾等造成的不确定性问题。该方法在医学图像分析中有广泛的应用，如薛景浩等人提出的一种新的基于图像间模糊散度的阈值化算法以及它在多阈值选择中的推广算法，采用了模糊集合分别表达分割前后的图像，通过最小模糊散度准则来实现图像分割中最优阈值的自动提取。该算法针对图像阈值化分割的要求构造了一种新的模糊隶属度函数，克服了传统 S 函数带宽对分割效果的影响，有很好的通用性和有效性，方案能够快速正确地实现分割，且不需事先设定分割类数，总体来说实验结果令人满意。

（三）基因编码

把图像背景和目标像素用不同的基因编码表示，通过区域性的划分，把图像背景和

目标分离出来，具有处理速度快的优点，但算法实现起来则比较困难。

（四）小波变换

小波变换是2002年来得到广泛应用的数学工具，它在时域和频域都具有良好的局部化性质，而且小波变换具有多尺度特性，能够在不同尺度上对信号进行分析，因此在图像处理和分析等许多方面都得到应用。

基于小波变换的阈值图像分割方法的基本思想，是首先由二进小波变换将图像的直方图分解为不同层次的小波系数，然后依据给定的分割准则和小波系数选择阈值门限，最后利用阈值标出图像分割的区域。整个分割过程是从粗到细，有尺度变化来控制，即起始分割由粗略的L2（R）子空间上投影的直方图来实现，如果分割不理想，则利用直方图在精细的子空间上的小波系数逐步细化图像分割。分割算法的计算与图像尺寸大小呈线性变化。

第二节　传统的图像分割方法

由于还没有专门针对深度图像分割的完善的理论体系，深度图像分割方法中更多是依赖于传统方法的改进或者组合。通过对基于边缘、基于区域两类传统方法的研究，发现它们各有优缺点。基于边缘的分割方法可以很快得到目标区域的准确边缘位置，只不过很难形成连续的区域边界，容易受一些干扰因素的影响，如噪声、遮挡等。而基于区域的分割方法则可以形成完整封闭边缘，但是噪声较大，而且效率较边缘的分割方法低，有可能检测到虚假边缘，而且不同位置选取的种子生长出的结果差别很大。现在主流的分割方法是采取两者并用，对基于边缘和基于区域的算法进行组合使用。根据不同算法的分割特性与图像本身的分割需求，有针对性地提出分割新方法。

一、基于边缘的经典分割方法

说到图像分割，一般人首先会想到的是得到目标边缘，因为边缘是直接可以划分图像的一道痕迹。的确如此，图像的边缘是图像分割问题中的一个关键属性，是图像的背景与前景交叉处，也是图像中区域属性有最明显变化的地方，而且在图像边缘处信息被模糊程度最大，所以做好边缘检测对于图像分割意义重大。

从几何坐标的角度来看，图像的边缘是两个区域的属性发生突变的一系列坐标点的集合，是一个区域与另一个区域的起始与结束，这个特点可以用来对图像进行边缘检测。图像的边缘检测有两个属性，一个是方向，另一个是幅度。图像可以理解为一个二元函数，两个变量是像素的横纵坐标，函数值是像素点的值，所以这个函数的值域也就是像素值的集合，在空间上可以看成一个曲面。那么边缘可以理解为这个曲面上的一条急剧上升或者下降的不规则曲线。针对这种剧烈的变化，常常通过求导进行边缘检测。

（一）边缘检测工作原理

沿着图像一定方向上的边缘可用该方向剖面上的 4 个参数来模型化，见图 3-2。

位置：边缘（等效的）最大灰度变化处（边缘朝向就在该变化方向上）。

斜率：边缘在其朝向上的倾斜程度（由于采样等原因，实际图像中的边缘是倾斜的）。

均值：分属边缘两边（邻近）像素的灰度均值（由于噪声等原因，灰度有波动）。

幅度：边缘两边灰度均值间的差（反映了不连续或局部突变的程度）。

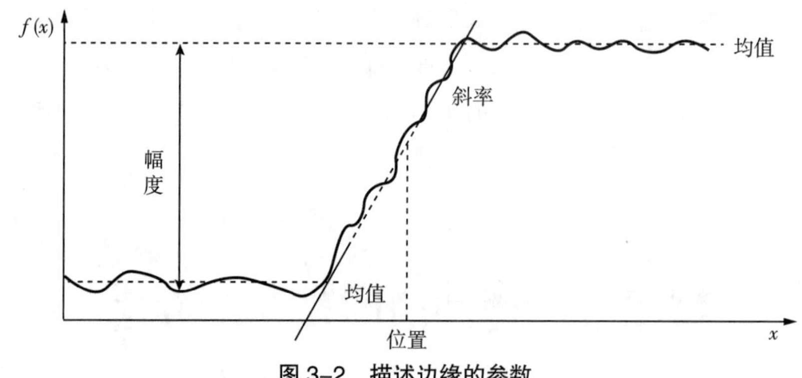

图 3-2　描述边缘的参数

如图所示，其中位置参数是最重要的，它决定了附近的像素信息。边缘位置可通过微分来确定。在边缘位置处，一阶导数会有极值，二阶导数会出现零值，所以，可通过计算位置处像素点处存放的值的导数，通过寻找极值与零值来确定检测边缘。

（二）二阶导数算子

通过计算二阶导数也可以获取边缘，常用的算子有以下 3 种：拉普拉斯（Laplace）算子、马尔（Marr）算子（LOG）、坎尼（Canny）算子。

1. 拉普拉斯算子

在图像中，对 Laplace 值的计算可以借助下面的各种模板实现。对这些模板有一些基本要求，就是中心像素的系数必须取正数，但中心像素相邻的所有像素的系数都必须取负数，并且要满足所有系数相加的结果必须等于 0。Laplace 算子提取边缘是通过对函数求二阶偏导，然后求相加，得出的是一个对深度突变比较敏感的标量，所以利用 Laplace 算子对深度图像的分割会比其他边缘检测算子更具优势。

由于 Laplace 是一种微分算子，通过求二阶导数得来，所以抗噪声能力很差，原始图像噪声比较多的话就要先进行滤波处理。还有 Laplace 算子检测到的边缘通常很难达到单像素的宽度，常常会得到双单像素宽度或者更宽，而且从 Laplace 算子中是无法获取边缘方向的。通常情况下，Laplace 算子主要用于对已知的边缘像素进行检测，来验证比较像素点是在图像的明区还是暗区，而很少直接用于边缘检测输出结果。

2. 马尔算子

马尔算子可以说是在拉普拉斯算子基础上的改进算法，它的灵感来源是生物学与生

理学的知识，受到了人的视觉机理的启示。使用 Laplace 算子对图像做分割之前一般都要对原始图像进行平滑处理，这样做是为了减少噪声干扰。在研究中发现在成像时给定的像素点的光强贡献是呈高斯分布的，所以一般采用高斯平滑函数处理待分割图像。

Marr 算子边缘检测的思路是建立在人类视觉系统的研究成果上，它对图像的分辨率作要求，对于不同的分辨率做分别计算，都会通过微分求二阶导来计算过零点的像素点位置，从而达到分割效果。分辨率的计算方式如下：先使用高斯平滑模板对于原始图像进行卷积运算；然后对图像求 Laplace 值；最后，找出深度值过零点的像素点作为边缘点。

3. 坎尼算子

坎尼对边缘检测算子提出了 3 个指标，也是作为评价边缘检测效果好与坏的权威指标，这 3 个指标分别是：其一，失误率要低，既要减少真实边缘的丢失，同时也要减少伪边缘的生成；其二，定位精准，检测到的边缘应属于真实边缘，位置不能有偏差；其三，对每个边缘的响应唯一，而且得到的边缘不能超过单一像素的宽度。

他利用这 3 个指标设计了一种近似算法，即坎尼算子，一般包括以下 4 个步骤。

（1）对图像使用高斯滤波，减轻噪声的影响，以达到平滑图像的效果。

（2）检测滤波图像中灰度梯度的大小和方向。

（3）借助梯度检测，得到边缘像素所构成的边界，并对其进行细化。使用 3×3 模板，通过比较中心像素值与在其梯度方向上的相邻像素值的大小。如果中心像素值不大于沿梯度方向的相邻像素值，就将其置 0。否则，这就是一个局部最大，将其保留下来。

（4）选取两个阈值，并借助滞后阈值化方法最后确定边缘。先将这两个阈值分为高阈值和低阈值。其中高阈值的作用是寻找每条线段，低阈值在这些断裂的边缘的两端进行延伸，用来寻找断裂的像素点位置。然后将这些边缘连接起来完成分割。

在图像边缘检测中，是无法同时满足抑制噪声与边缘精确定位这两个条件的。因为边缘检测算法在滤除噪声的同时，也会使边缘位置发生改变，产生一些偏移；如果通过改变参数，提高边缘检测精准度，同时也会加强对噪声的检测能力，这是一对矛盾的存在，Canny 算子就是致力于在这一对矛盾体之间寻找最佳折中方案。

二、基于区域的经典分割算法

区域分割最直接的方法是取阈值检测区域，阈值化是基于区域分割的关键一步，其他同类方法（像素特征空间分类）可看作阈值化的衍生技术。对于一些多维特征空间分类（深度图像分割和彩色图像分割）问题，可以通过多次阈值分割来实现。另外，对灰度图像阈值化得到的图像各个区域是可以被区分的，但提取目标还是需要标记各个区域。

（一）区域分割工作原理

阈值化图像分割一般对待分割的图像都有一定的预判，基于特定的模型，最常用的模型可以描述为：简单地，假设图像由待分割区域和背景区域两部分组成，图像灰度分布特性是呈单峰。那么在待分割区域内部和背景的内部，它们各自区域内部相邻像素之间的灰度值是呈均匀分布的，有高度的一致性。但是，在待分割区域和背景区域的交接边界处，两边的像素在灰度值上有极端变化。满足这样条件的图像的灰度直方图可以看成是两个单峰直方图合成的。如果这两个单峰直方图的分布数量比较接近，而且在像素点矩阵变换为一维数组后，这两个单峰直方图在这个一维数组作为坐标系的横轴位置上的距离足够远、均方差足够小的话，那么可以将这两个单峰直方图组成的混合直方图看作双峰的。对于这类图像，就比较适合采用阈值的方法进行分割，而这个阈值的取值通常取双峰之间的波谷像素值。

利用阈值化分割的一般步骤如下。

（1）对一幅图像计算它的像素值直方图，在 g_{min} 和 g_{max} 之间的图像上确定阈值 $Tg_{min} < g_{max}$，一般取波谷作为阈值。

（2）对图像中所有的像素点与阈值进行比较，大于阈值的归为一个区域，小于阈值的归为一个区域，从而完成图像分割。

利用阈值进行图像分割最关键的一步是阈值的选取，一个合适的阈值图像分割效果很好，如果阈值没选好，也可以通过多次试验折中选取。如果图像比较复杂，有多个像素值不同的区域，也可以分别对每个区域选取不同的阈值进行分割，这就是多阈值分割方法。

（二）动态阈值图像分割方法

有一种图像分割办法是借助坐标的特性来分割图像，这种带坐标的阈值被称为动态阈值，其基本思路是首先分解原图像，分成一组相邻或者相互重叠的子图像。把这些子图像所得的阈值组成一条曲线，通过插值法来估算这条曲线有可能经过的位置，曲线经过的位置就是图像中每个对应位置的像素点所需要的阈。把图像与估算的阈值曲线按坐标顺序进行一一对比，就可以完成图像分割。这条通过插值法估算出来的曲线也叫作阈值曲线。

动态阈值图像分割方法的基本步骤如下。

（1）将整幅图像分解，分成一组相邻或者相互重叠的子图像，重叠比例按 50% 来预设。

（2）统计每个子图像的直方图。

（3）计算子图像的灰度直方图，若是双峰，则确定一个阈值，否则不处理。

（4）通过插值，将所有阈值连接起来，形成阈值曲线与所有像素点一一对应。

（5）将所有的像素点与阈值曲线进行对比，完成图像分割。

（三）空间聚类分割算法

图像分割的本质就是将像素点进行归类化处理。聚类分割方法就是利用这种思想进行图像分割，可以将聚类分割方法看作阈值分割的一个推广概念，它结合了上一章所提到的阈值化与标记方法，将得到的特征值（阈值）在图像空间中对应起来，通过点聚集

成不同的区域，从而实现分割，然后记下所有点的坐标，在原图像中直接定位就可以得到分割结果。

（四）区域生长分割算法

图像的本质就是像素点的集合，图像分割的本质就是将这些像素点按照特性区分开来。区域生长分割算法的原理是按照一定的相似性准则，将像素点从一到多逐步合并，能合并的就是目标，不能合并的就是背景。首先要对每一个分割区域寻找一颗种子像素，然后种子按照相似性准则进行生长，将符合相似性准则的同类种子合并到一个区域。然后对新的像素选取新的种子，重复上面的生长过程，直到将所有的像素都遍历，这样一个区域就长成了。不过，在实际应用中要注意种子像素的选取、确定生长准则，还有控制生长停止的条件 3 个问题。

该算法的具体步骤如下：

（1）输入原始图像，并获得区域生长的起始点。

（2）将生长起点灰度值（深度值）存入种子变量 seed 中。

（3）作与原图像大小一致的图像矩阵 J，将 J 设置为全零，作为输出图像矩阵，设置 J 中与种子点坐标相同的位置的点为白。

（4）设置变量 sum 存放符合区域生长条件的点的灰度值（深度值）的和，设置变量 n 存放符合区域生长条件的点的个数。

（5）设置阈值，并记录每次判断一点周围 8 点符合条件的新点数目 count。

（6）记录判断某一点周围 8 点时，符合条件的新点的灰度值之和 s。

（7）判断此点是否为图像边界上的点，判断点周围 8 点是否符合阈值条件。

（8）判断是否尚未标记，并且为符合阈值条件的点。

（9）符合以上两个条件即将其在 J 中与之位置对应的点设置为白。

（10）此点的灰度值加入 s 中。

（11）将 n 加入符合点数计数器中。

（12）将 s 加入符合点的灰度值总和中。

（13）计算新的灰度平均值，再回到 12 继续执行，直到没有点满足相似性准则，加入新的区域。

（五）分裂合并分割算法

由于基于区域的分割方法普遍都会有一个效率偏低的情况，为此提出分裂合并的处理方法。特别是在当问题规模较大的情况下，也能使用基于区域的分割方法不致效率太低。比如，先分裂成小区域进行区域生长，然后再合并成完整区域来完成分割。从这样一个角度来思考问题，就是分裂合并分割算法，从整幅图像开始通过不断分裂得到各个区域。但实际应用中会将两种思路结合，一般常常会迭代分裂，直至满足条件，在小区域内实现小规模分割，最后将这些分割后的小区域合并在一起即可。

三、传统深度图像分割方法的缺陷及改进

（一）传统深度图像分割方法的缺陷

传统深度图像分割方法的各类子方法虽然众多，但是没有一个通用的办法。另外，传统方法对灰度图像分割效果比较好，但是对深度图像来说，效果不是很理想，只可以用来参考。

（二）对传统分割技术的改进

在历史上传统的图像分割对分割技术的发展起到了举足轻重的作用，但随着对图像分割技术深一步研究的进行，越来越多的学者发现传统分割技术都存在一定的不足，其所产生的分割效果并不能使人满意。有鉴于此，更多学者选择对传统的分割技术进行了改进。

1. 基于水平集的分割技术

基于水平集的分割方法原理是将水平集理论与主动轮廓模型相结合，利用能量函数，求解极小值，通过对极小值的求解，完成对图像轮廓的获取，从而完成对图像的分割。在对 $n+1$ 维的水平集函数进行演化和求解过程中，使得其完成对图像的分割。基于水平集的图像分割方法因为使用了偏微分方程，便于分割过程中的数值计算。

同时，该方法方便改变拓扑结构，具有较强的自动性和灵活性。另外，由于水平集方法可以引用到高维曲面的演化，对三维图像分割有着较好的简化作用。但该图像分割方法在完成图像分割的过程中，水平集函数需要周期性地进行初始化，不断地初始化使演化速度降下来，演化速度降下来的同时数值误差会给零水平集带来定位不准的情况，因此也有学者对该图像分割方法进行了改进。

2. 基于小波变换的图像分割法

小波变换是随着对傅里叶变换研究的进行而由其发展演变而来，其在图像分割领域也得到比较广泛的应用。小波可对时间域与空间域进行变换，便于对信息的提取。在基于小波变换的阈值分割技术中，是将小波变换与阈值分割技术相结合，利用小波变换对图像直方图进行运算，将其分为不同层次的小波系数，然后根据研究者所采用的分割度量和小波系数确定阈值的选择，进而利用阈值完成对图像的分割。

基于小波变换的阈值分割技术有着比其他分割技术更强的抗噪性，随着图像分割技术的发展越来越多的学者倾向于将数学形态学、聚类分析、模糊、图论知识、算法优化等科学理论应用到图像分割领域中，他们大都选择与传统的分割理论相结合完成对传统分割技术的改进，并在某一领域发挥着重要作用。常见的分割技术有基于小波变换与分水岭算法的分割技术、基于遗传算法的小波变换分割技术、基于变分水平集的图像模糊聚类分割技术等。

第四章　图像变换处理技术及应用

第一节　图像变换的概述

为了用正交函数或正交矩阵表示图像而对原图像所做的二维线性可逆变换。一般称原始图像为空间域图像，称变换后的图像为转换域图像，转换域图像可反变换为空间域图像。图像处理中所用的变换都是酉变换，即变换核满足正交条件的变换。经过酉变换后的图像往往更有利于特征抽取、增强、压缩和图像编码。

数字图像处理的方法很多，根据它们处理数字图像时所用系统，主要可以归纳为两大类，即空间域处理法（空域法）及频域法（或称为变换域法）。

数字图像处理经常要用到线性系统，在图像处理中使用空间作为参数来描述，通常用二维系统进行表示，输入函数 $f(x, y)$ 表示原始图像，输出函数 $g(x, y)$ 表示经处理后的图像，线性系统可看作是输入函数和输出函数之间的一种映射 ω，反映了各种线性的图像处理方法，关系如同公式：

$$g(x, y)=\omega[f(x, y)] \tag{4-1}$$

一般数字图像处理的计算方法本质上都是线性的，处理后的输出图像阵列就是输入图像阵列中的各个元素经加权线性组合而得到，通常这种线性空间线性处理要比非线性处理容易理解并且算法简单。

在图像处理中，图像的锐化与平滑处理可以采用空间域处理方式（又称空间滤波）和频域处理方式（又称频域变换）两类。从数学角度来看，空间滤波是采用微分、积分、多项式运算、坐标变换等方法对图像进行某种形式的处理，具有方法直观、制作简便等优点；但当要处理较大的数字图像数据时，由于图像阵列很大，如果没有发现比较高效的算法，计算上会变得很烦琐，存在着滤波的广度和构成方式的模糊、计算时间长、预测性差等缺点，这样就会降低其在现实工作中的实用价值。同样情况下，如果采用图像变换的方法，如傅里叶算法、沃尔夫算法等间接处理技术，就可以获得更为有效的处理方法。所谓的图像频谱变换则是将图像从空间域进行傅里叶变换于频谱域，检测和研究图像频谱特性，并进行滤波处理，最终将处理的频谱经傅里叶逆变换恢复图像与空间域（见图 4-1）。其优点是处理速度快，构成方式清晰，滤波广度大，预测性好，但数学过程复杂，不易理解。

目前，图像变换技术被广泛应用于图像增强、图像复原、图像压缩、图像特征提取、图像识别以及图像特征提取等领域。

第二节　图像变换处理技术

在将数字图像由空间域变换到频域时，所采用的变换方式一般都是线性正交变换，又称为酉变换。正交变换是信号分析学科中的重要组成部分，它是计算机图像处理的前续课程。多年来，变换理论在图像处理（频域法处理）中起着关键作用。

一、傅里叶变换基本概念

傅里叶变换是一种经常被使用的正交变换，尤其是在一维信号处理中已被广泛应用。在这里，我们将介绍它在数字图像处理中的使用方法。

（一）傅里叶的定义

傅里叶变换在数学中的定义非常严格，它的定义如下。

设 $f(x)$ 为 x 的函数，如果 $f(x)$ 满足下面的狄里赫莱条件：第一，具有有限个间断点；第二，具有有限个极值点；第三，绝对可积。则定义 $f(x)$ 的傅里叶变换公式为：

$$F(u)=\int_{-\infty}^{+\infty} f(x)\exp[-j2\pi ux]\mathrm{d}x \tag{4-2}$$

它的逆反变换公式为：

$$f(x)=\int_{-\infty}^{+\infty} F(u)\exp[j2\pi ux]\mathrm{d}u \tag{4-3}$$

其中，x 为时域变量，u 为频域变量。

由上面的公式可以看出，傅里叶变换结果是一个复数表达式。设 $F(u)$ 的实部为 $R(u)$，虚部为 $I(u)$，则：

$$F(u)=R(u)+jI(u) \tag{4-4}$$

通常把 $F(u)$ 称作 $f(x)$ 的傅里叶幅度谱。

（二）傅里叶变换的性质

傅里叶变换具有很多便于运算处理的性质，下面列出二维傅里叶变换的一些重要性质。

1. 线性

傅里叶变换是一个线性变换，即，

$$\Im[a\cdot f(x,y)+b\cdot g(x,y)]=a\cdot\Im[f(x,y)]+b\cdot\Im[g(x,y)] \tag{4-5}$$

2. 可分离性

一个二维傅里叶变换可以用二次一维傅里叶变换来实现，推导如下：

$$\begin{aligned}F(u,v)&=\int_{-\infty}^{+\infty}\int_{-\infty}^{+\infty}f(x,y)\exp\left[-j2\pi(ux+vy)\right]\mathrm{d}x\mathrm{d}y\\&=\int_{-\infty}^{+\infty}\int_{-\infty}^{+\infty}f(x,y)\exp\left[-j2\pi ux\right]\exp\left[-j2\pi vy\right]\mathrm{d}x\mathrm{d}y\\&=\int_{-\infty}^{+\infty}\left[\int_{-\infty}^{+\infty}f(x,y)\exp\left[-j2\pi ux\right]\mathrm{d}x\right]\exp\left[-j2\pi vy\right]\mathrm{d}y\\&=\int_{-\infty}^{+\infty}\left\{\Im\left[f(x,y)\right]\right\}\exp\left[-j2\pi vy\right]\mathrm{d}y\\&=\Im_y\left\{\Im_x\left[f(x,y)\right]\right\}\end{aligned}\tag{4-6}$$

3. 共轭性

如果函数 $f(x', y)$ 的傅里叶变换为 $F(u, v)$，(x', y)，$F^*(-u, -v)$ 为 $f(-x, -y)$ 傅里叶变换的共轭函数，那么：

$$F(u, v) = F^*(-u, -v)\tag{4-7}$$

二、一维离散傅里叶变换

（一）概念

连续函数的傅里叶变换是波形分析的有力工具，但是为了使其用于计算机技术，必须将连续变换转变成离散变换，这样就必须引入离散傅里叶变换（Discrete Fourier Transform，DFT）的概念。离散傅里叶变换在数字信号处理和数字图像处理中都得到了广泛的应用，它在离散时域和离散频域之间建立了联系。如果直接应用卷积和相关运算在时域中处理，计算量将随着取样点数 N 的平方增加，这使计算机的计算量迅速增大，耗时增多，很难达到对数字图像实际处理的要求。因此，一般可采用离散傅里叶变换方法，将输入的数字信号首先进行频域处理，再利用离散时域与离散频域之间的联系，将在离散频域中处理的效果反馈给离散时域，这样就比在时域中直接对数字图像处理变得更加快捷便利，计算量也会大大减少，同时提高数字图像的处理速度，增强算法的实用性。因此，离散傅里叶变换在数字图像处理领域中有很大的使用价值。

离散傅里叶变换还有一个鲜明的优点就是具有快速算法，即快速傅里叶算法（Fast Fourier Transform），它可以大大减少计算次数，使计算量减少到只是相当于直接使用离散傅里叶变换所用的一小部分。并且，二维离散傅里叶变换很容易从一维的概念推广而得到。在数字图像处理中，二维离散傅里叶被广泛应用于图像增强、复原、编码和分类中。

（二）快速傅里叶变换的实现

现在，离散傅里叶变换已成为数字信号处理的重要工具，但是它的计算量较大，运算时间长，在某种程度上限制了它的使用。为了解决这一矛盾，引用了快速傅里叶变换的思想。快速傅里叶变换并不是一种新的变换方式，它是离散傅里叶变换的一种算法，这种方法是建立在分析离散傅里叶变换中多余运算的基础上，进而消除这些重复工作的思想指导下得到的，从而在运算中节省了大量计算时间，达到快速运算的目的。

（三）快速傅里叶变换实现步骤

开辟存储空间用以保存加权系数 *Wi* 及中间变量。

采用分解法进行蝶形运算。

重新排列序列顺序。

释放存储空间。

（四）编程代码

```
struct CNumber
{
double re；
double im；
}；
/***************************************************************
* 函数名称：QFC（CNumber* t，CNumber* f，int r）
* 参数：t. f 分别是指向时域和频域的指针，r 是 2 的幂数
* 函数类型：void
* 功能：此函数实现快速傅里叶变换
***************************************************************/
void ZhengJiaoBianHuanDib：QFC（CNumber* t，CNumber* f，int r）
{
long count；傅里叶变换点数
int i，j，k，p，bfsize；
CNumber *w，*x，*a，*b；复数结构类型的指针变量，其中 w 指向加权系数
double angle；计算加权系数所用的角度值
count=1<<r；计算傅里叶变换点数
/ 分配所需运算空间
w=（CNumber* ）malloc（sizeof（CNumber）*count/2）；
a=（CNumber* ）malloc（sizeof（CNumber）*count）；
b=（CNumber* ）malloc（sizeof（CNumber）*count）；
/ 计算加权系数
for（i=0；i<count/2；i++）
{
```

```
angle=-i*pi*2/count；
w[i].re=cos( angle )；
w[i].im=sin( angle )；
}
memcpy( a，t，sizeof( CNumber )*count )；
/ 采用频率分解法进行蝶形运算
for( k=0；k<r；k++ )
{
for( j=0；j<1<<k；j++ )
{
bfsize=1<<( r-k )；
for( i=0；i<bfsize/2；i++ )
{
p=j*bfsize；
b[i+p]=Add( a[i+p]，a[i+p+bfsize/2] )；
b[i+p+bfsize/2]=Mul( Sub( a[i+p]，a[i+p+bfsize/2] )，w[i*( 1<<k )] )；
}
}
x=a；
a=b；
b=x；
}
/ 将乱序的变换序列重新排序
for( j=0；j<count；j++ )
{
p=0；
for( i=0；i<r；i++ )
{
if( j&( 1<<i ))
p+=1<<( r-i-1 )；
}
f[j]=a[p]；
}
/ 释放存储器空间
```

```
free( w );
free( a );
free( b );
}
```

三、二维离散傅里叶变换

（一）概念

二维离散函数 $f(x,\ y)$ 的傅里叶变换为：

$$F(u,v)=\Im\left[f(x,y)\right]=\sum_{x=0}^{M-1}\sum_{y=0}^{N-1}f(x,y)\exp\left[-j2\pi\left(\frac{ux}{M}+\frac{vy}{N}\right)\right] \tag{4-8}$$

傅里叶反变换为：

$$f(x,y)=\Im^{-1}\left[F(u,v)\right]=\frac{1}{MN}\sum_{u=0}^{M-1}\sum_{v=0}^{N-1}F(u,v)\exp\left[j2\pi\left(\frac{ux}{M}+\frac{vy}{N}\right)\right] \tag{4-9}$$

其中：$x=0,\ 1,\ 2,\ \cdots,\ M-1y=0,\ 1,\ 2,\ \cdots,\ N-1$ 在数字图像处理中，图像取样一般是方阵，则二维离散傅里叶变换公式为：

$$F(u,v)=\Im\left[f(x,y)\right]=\sum_{x=0}^{N-1}\sum_{y=0}^{N-1}f(x,y)\exp\left[-j2\pi\left(\frac{ux+vy}{N}\right)\right] \tag{4-10}$$

$$f(x,y)=\Im^{-1}\left[F(u,v)\right]=\frac{1}{N^2}\sum_{u=0}^{N-1}\sum_{v=0}^{N-1}F(u,v)\exp\left[j2\pi\left(\frac{ux+vy}{N}\right)\right] \tag{4-11}$$

（二）二维离散傅里叶变换的性质

二维离散傅里叶变换与二维连续傅里叶变换有详细的性质，下面说明它的几种常用性质。

1. 线性

傅里叶变换是一种线性算子。设 $F_1(u,\ v)$ 和 $F_2(u,\ v)$ 分别为二维离散函数 $f_1(x,\ y)$ 和 $f_2(x,\ y)$ 的离散傅里叶变换，则：

$$\xi\left\{af_1(x,y)+bf_2(x,y)\right\}=aF_1(u,v)+bF_2(u,v) \tag{4-12}$$

其中 a，b 是常数。

2. 周期性和共轭性

离散傅里叶变换和反变换具有周期性和共轭对称性，傅里叶变换的周期性可表示为：

$$F(u,\ v)=F(u+aN,\ v+bN) \tag{4-13}$$

$$f(x,\ y)=f(x+aN,\ y+bN) \tag{4-14}$$

式中：$a,\ b=0,\ \pm1,\ \pm2\cdots$

共轭对称性可表示为：

$$F(u, v) = F^*(-u, -v) \tag{4-15}$$

$$|F(u,v)| = |F(-u,-v)| \tag{4-16}$$

离散傅里叶变换对的周期性说明正变换后得到的 $F(u, v)$ 或反变换后得到的 $f(x, y)$ 都是具有周期为 N 的周期性重复离散函数。但是，为了安全确定 $F(u, v)$ 或 $f(x, y)$ 只需变换一个周期中每个变量的 N 个值。也就是说，为了在频域中完全确认 $F(u, v)$，只需要变换一个周期。在空域中，对 $f(x, y)$ 也有类似的性质。共轭对称性说明变换后的幅值是以原点为中心对称。利用此特性，在求一个周期内的值时，只需求出半个周期，另半个周期也就知道了，这样就大大减少了计算量。

（三）实现步骤

为了能在数字图像处理中应用傅里叶变换进行频谱分析处理，必须引入二维傅里叶变换的概念。二维傅里叶变换可以很容易地在一维傅里叶变换的基础上推导得出。可以将一个二维傅里叶变换通过在 X 方向、Y 方向上的两次一维傅里叶变换来进行。将二维离散傅里叶变换的运算分解为水平和垂直两个方向上的一维离散傅里叶变换运算。由于在分解后的运算是靠一维离散傅里叶变换来完成的，而在前面已经给出了对一维离散傅里叶变换的快速算法的实现过程，因此经分解后的二维离散傅里叶变换可以借助一维快速傅里叶变换来实现其快速算法。

二维离散快速傅里叶变换在 VC++ 中的实现步骤：

（1）获取原图像的数据区首地址、图像的高度和图像的宽度。

（2）计算进行傅里叶变换的宽度和高度，这两个值必须是 2 的整数次方，计算变换时所用的迭代次数，包括水平方向和垂直方向。

（3）行列顺序依次读取数据区的值，存储到开辟的复数存储区。

（4）调用一维快速傅里叶变换函数进行垂直方向的变换。

（5）转换变换结果，将垂直方向的变换结果转存回时域存储区。

（6）调用一维傅里叶变换函数，在水平方向上进行快速傅里叶变换［步骤同上（1）~（4）］。

（7）将计算结果转换成可显示图像，并将坐标原点移至图像中心位置，使得图像可以显示整个周期频谱。

（四）编程代码

```
/*****************************************************************
* 函数名称：FirstQuickFourier( )
* 函数类型：void
* 功能：图像的傅里叶变换（没有对处理后的显示结果进行平移）
/ 两次调用快速傅里叶变换 QFC( ) 实现二维傅里叶变换
```

```
****************************************************************/
void PinYuLuBoDib：FirstQuickFourier( )
{
LPBYTE p_data，p；指向原图像数据区指针
int width，height；原图像的宽度和高度
long w=1，h=1；进行傅里叶变换的宽度和高度（2 的整数次方）
int wp=0，hp=0；迭代次数
int i，j；
double temp；中间变量
CNumber *t，*f；
p_data=this->GetData( )；指向原图像数据区
width=this->GetWidth( )；得到图像宽度
height=this->GetHeight( )；得到图像高度
long lLineBytes=WIDTHBYTES( width*8 )；计算图像每行的字节数
while( w*2<=width )/ 计算进行傅里叶变换的宽度（2 的整数次方）
{
w*=2；
wp++；
}
while( h*2<=height )/ 计算进行傅里叶变换的高度（2 的整数次方）
{
h*=2；
hp++；
}
t=( CNumber* )malloc( sizeof( CNumber )*w*h )；分配存储器空间
f=( CNumber* )malloc( sizeof( CNumber )*w*h )；
for( j=0；j<h；j++ )
{
for( i=0；i<w；i++ )
{
p=p_data+lLineBytes*( height-j-1 )+i；指向第 i 行第 j 列像素
t[i+w*j].re=*( p )；给时域赋值
t[i+w*j].im=0；
}
```

```
}
for( j=0 ; j<h ; j++ )/ 在垂直方向上进行快速傅里叶变换
{
QFC( &t[w*j], f[w*j], wp );
}
for( j=0 ; j<h ; j++ )/ 转换变换结果
{
for( i=0 ; i<w ; i++ )
{
t[j+h*i]=f[i+w*j] ;
}
}
for( j=0 ; j<w ; j++ )/ 水平方向进行快速傅里叶变换
{
QFC( &t[j*h], f[j*h], hp );
}
for( j=0 ; j<h ; j++ )
{
for( i=0 ; i<w ; i++ )
{
temp=sqrt( f[i*h+j].re*f[i*h+j].re+f[i*h+j].im*f[i*h+j].im )/100 ;
if( temp>255 )
temp=255 ;
p=p_data+lLineBytes*( height-( j<h/2 ?  j+h/2 : j-h/2 )-1 )+
( i<w/2 ?  i+w/2 : i-w/2 ); 将变换后的原点移到中心
p=p_data+lLineBytes*( height-( j<h/2 ?  j : j )-1 )+
( i<w/2 ?  i : i );
*( p )=( BYTE )( temp );
}
}
free( t );
free( f );
}
```

（五）效果对比图见图 4-1

（a）原图

（b）二维傅里叶变换效果图

图 4-1　二维傅里叶变换效果图

（六）应用傅里叶变换时应当注意的问题

尽管傅里叶变换提供了很多有用的属性，在数字图像处理领域中得到广泛的应用，但是它也有自身不足，主要表现在两个方面：一是需计算复数，而进行复数运算相对比较费时。如采用其他合适的、完备的正交函数来代替傅里叶变换所用的正、余弦函数构成完备的正交函数系，就可避免这种复数运算。因此，以沃尔什函数为基础所构成的变换，是实数加减运算，其运算速度要比傅里叶变换快。傅里叶变换的另一个缺点是收敛慢，这在图像编码应用中尤为突出。

第三节　图像变换处理技术的应用

一、图像变换域处理方法

虽然图像处理技术在空间域也可以对图像进行一定程度上的变换，但是有时为了提高效率、找准目标，则对图像进行分析和处理，需要将空间域的图像通过某种变换转换到其他空间，再根据图像所在空间的特有性质对图像进行特殊处理，这种特殊处理是空间域无法实现的，然后将图像处理后的结果从变换域进行反变换，最后回到空间域，以达到预期既定的结果。而图像变换处理方法中比较常用的方式就是线性正交变换，这些正交变换图像处理技术已经广泛应用于图像降噪处理、图像压缩处理等多个领域。

由于图像在成像和量化的过程中，不断受到外界各种噪声的感染，导致了图像质量下降，为了得到质量较好的图像，就需要对质量较低的图像进行降噪处理，达到改善图像视觉效果的目的，进行降噪处理之后的图像比原始图像更适用于某些特定的应用。

（一）变换域降噪

图像变换域（频域）降噪处理是将图像从空间域进行傅里叶变换到变换域，从而研

究图像的频谱特性，再对图像进行滤波降噪处理，最终将处理过后的图像经傅里叶反变换回到空间域，其过程如图 4-2 所示，该方法的优点是图像处理速度较快、滤波范围广、构成方式清晰，但是数学计算过程较为复杂，不易理解。

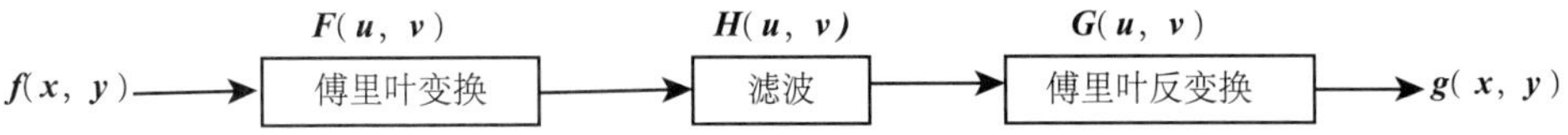

$f(x, y)$ → [傅里叶变换] $F(u, v)$ → [滤波] $H(u, v)$ → [傅里叶反变换] $G(u, v)$ → $g(x, y)$

图 4-2 图像变换域处理

图中，$F(u, v)$ 是带噪声的原始图像 $f(x, y)$ 的傅里叶变换，$H(x, y)$ 为滤波器的传递函数，经过滤波处理后的 $G(u, v) = H(u, v)F(u, v)$，再进行傅里叶反变换得到增强的图像 $g(x, y)$。当 $H(u, v)$ 为低通滤波器的传递函数时，经过傅里叶反变换会得到去除噪声后的平滑图像 $g(x, y)$。

（二）傅里叶变换

傅里叶变换是一种常见的正交变换技术，在一维图像处理中应用较为广泛。

将 $f(x)$ 设定为 x 的函数，当 $f(x)$ 满足以下 3 个条件时：第一，间断点的个数有限；第二，极值点的个数有限；第三，函数绝对值的积分存在。

$$F(u)=\int_{-\infty}^{+\infty} f(x)\exp[-j2\pi ux]\mathrm{d}x \tag{4-17}$$

反变换公式为：

$$f(x)=\int_{-\infty}^{+\infty} F(u)\exp[j2\pi ux]\mathrm{d}x \tag{4-18}$$

其中，时域变量为 x，频域变量为 u。

通过上面的傅里叶变换公式可以得出，傅里叶变换的结果是复数表达式。设定 $F(u)$ 的实部为 $R(u)$，$F(u)$ 的虚部为 $I(u)$，则可以得出：

$$F(u) = R(u) + jI(u) \tag{4-19}$$

同时，也可以用指数形式表达：

$$F(u)=|F(u)|\exp[j\phi(u)]$$

其中，

$$\begin{aligned} |F(u)| &= \sqrt{R^2(u)+I^2(u)} \\ \phi(u) &= \arctan\frac{I(u)}{R(u)} \end{aligned} \tag{4-20}$$

$f(x)$ 的傅里叶幅度谱为 $|F(u)|$，$f(x)$ 的相位谱为 $\phi(u)$。

可以把一维傅里叶变换扩展到二维，如果二维函数 $f(x, y)$ 满足一维图像处理所需的条件，则可以推导出二维傅里叶变换为：

$$\begin{aligned} F(u,v) &= \int_{-\infty}^{+\infty}\int_{-\infty}^{+\infty} f(x,y)\exp[-j2\pi(ux+vy)]\mathrm{d}x\mathrm{d}y \\ f(x,y) &= \int_{-\infty}^{+\infty}\int_{-\infty}^{+\infty} F(u,v)\exp[j2\pi(ux+vy)]\mathrm{d}u\mathrm{d}v \end{aligned} \tag{4-21}$$

同理，二维傅里叶变换的幅度谱和相位谱分别为：

$$
\begin{aligned}
|F(u,v)| &= \sqrt{R^2(u,v)+I^2(u,v)} \\
\phi(u,v) &= \arctan\frac{I(u,v)}{R(u,v)}
\end{aligned}
\tag{4-22}
$$

可以定义：$E(u,v)=R^2(u,v)+I^2(u,v)$。

通常称 $E(u,v)$ 为能量谱。

（三）滤波处理

滤波器的作用就是使某些东西通过，某些东西阻断。频率域中的滤波器则是使某些频率通过，使某些频率被阻断。滤波处理可以理解为滤波器的频率和图像的频率相乘，实际上，变更这个滤波器的频率特性可以得到各种各样的处理。假定输入图像为 $f(i,j)$，则图像的频率 $F(u,v)$ 变为：

$$F(u,v)=D[F(i,j)] \tag{4-23}$$

如果滤波器的频率特性表示为 $S(u,v)$，则处理图像 $g(i,j)$ 表示为：

$$g(i,j)=D^{-1}[F(u,v)\cdot S(u,v)] \tag{4-24}$$

假设 $S(u,v)$ 经离散傅里叶逆变换（IDFT）得到 $s(i,j)$，上式则变为：

$$g(i,j)=D^{-1}[F(u,v)\cdot S(u,v)]=D^{-1}[F(u,v)]=f(i,j)\oplus s(i,j) \tag{4-25}$$

其中⊕符号为卷积运算。

（四）实验结果

以上是程序运行后得到的结果：图 4-3 是原始标准图像，图 4-4 是在图 4-3 中加入噪声后的图像，图 4-5 是对图 4-3 在变换域进行傅里叶变换再经低通滤波，最后进行傅里叶反变换后的图像。

图 4-3　原始图像

图 4-4　加噪图像

图 4-5　变换域降噪处理后图像

对图像进行变换域（频域）滤波降噪处理的优点是处理速度快、构成方式清晰，滤波广度大、预测性好，但是数学过程较为复杂，不易理解。图像中的边缘、噪声对应于傅里叶变换频谱中的高频部分，通过使用低通滤波器在频域对这些高频成分的抑制，从而达到消除空间域中图像的噪声或对图像的边缘进行平滑模糊处理的目的。但是，由于低通滤波器在滤除噪声的同时对图像中有用的高频成分也滤除，因此，这种图像降噪方法是以牺牲清晰度为代价的。

二、颜色空间及转换

对图像色调的认识与处置在电脑数字图像处理阶段会时常用到。比如，在 CRT 显示器中，扫描仪与打印机运用阶段，均要权衡到不同的色彩空间。例如，打印机运用 CMYK 颜色空间，显示器是 RGB 色彩空间，在完成由图片到显示器到打印机的打印工作中，要意识到其色彩转换需求，这部分是电脑彩色体系中需要解读的基本常识。伴随计算机多媒体科技的日新月异，色彩处理科技在数字图像处理阶段中得到了广泛运用，与灰度图像对比，彩色图像提供了更多的信息。

（一）色彩系统

1.RGB 色彩系统

RGB 颜色系统是最为常规的颜色系统，其是由（CIE）国际照明委员会在 1931 年提出的。自然界内的全部色彩都能用红色、绿色、蓝色三大基色进行表示，其相应的波长依次是 700nm，546.1nm，435.8nm，并且在 CIE-RGB 体系中，配套等能白光的三原色 R，G，B 亮度比率是 1000 ∶ 49507 ∶ 0.0601，幅亮度比率也能进行显示。

以红色为实例，某类色彩含红色比例能够被分为 0 ~ 255 共 256 个色阶，0 级代表不包括红色，255 阶代表包含 100% 的红色元素。相似地，绿色与蓝色也能够分成 256 阶。如此，依照 R，G，B 的类似组合就能够分成 256×256×256（大概 1600 万）种色彩。

2.CMY 颜色系统

RGB 颜色系统是加色合成法（Additive Color Synthesis），但是在印刷领域则通用 CMY 颜色系统，也就是 Cyan、Magenta、Yellow。通常所用到的四色印刷 CMYK 是要算入黑颜色的，其通过色彩叠减来形成其余色彩，因此，这类模式也被叫作减色合成法。

（二）数字图像处理阶段常用的色彩空间

颜色空间是说某类 3D 色彩空间中的一部可显示光子集，其包括某类颜色域的全部色彩，色彩空间能够用来显示颜色之间的关联，数字图像处置阶段常用的色彩空间包含 RGB、CMY 等。

（三）颜色空间的转化

相异的色彩空间使用的场景是迥异的，例如，一张图片在电脑中是通过 RGB 显现的；使用 YUV 或 HIS 编辑处置；打印输出阶段要转化成 CMY 印刷阶段要转化成 CMYK。在使用实践中，必须在各类迥异的色彩空间完成转化，以满足不同的需要。

1. RGB 和 CMY/CMYK 色彩空间的转化

由于 CMY 色彩空间与 RGB 空间的相互补充的功能，也就是使用白色减去 RGB 空间内的某项色彩数据就相当于同样颜色在 CMY 空间中的数据。依照该原理，极易通过计算将 RGB 空间转化成 CMY 空间。

2. 系统整体设计

系统的整体方案设计是对 TVP5150 分配完成时，应首先将 CCD 摄录设备的光学图

像准变为视频参数，并将其录入 TVP5150 视频解码设备中从而完成相应的解码操作，采用 TVP5150 视频解码设备可将 CCD 读写的 NTSC、PAL 视频信号转变为 ITURBT.656，之后在 FPGA 重病完成编程、串并处理、颜色元素转化、帧储蓄，并构建和 VGA 规则相契合的时序与信号，最后将 ADV7123 视频 D/A 转换芯片以便进行 D/A 转换、录入，使其能在显示设备中显现。

TVP5150 主要是经由 TI 公司开发的一部超低耗能与性价比极高的解码元件，能够把 NTSC 与 PAL 视频信号转化成数字色彩信号，极为适合携带，其视频商品的品质相对较高，需借助准则化的 I2C 总线进行创设。上述设计主要是借助 Verilog 硬件设备对 I2C 总线进行的相应的管控设施构建，并主要是依据其序赋值进行设备储蓄，并对 TVP5150 讯号进行相应的处理操作。ADC7123 属于高速三路十位环境下的 RGBD/A 转化零件，是一种数字图像信息虚拟化产品。

3. I2C 总线管控设施

透过 I2C 总线进行 TVP5150 的配置。I2C 总线透过串行参数录入 / 输出端（SDA）及钟表录入 / 输出线（SCL）完成数据传送，准则化速度：100kbit/s，最高速率：400kbit/s。

首先，可将 FPGA 下的 100GHz 进行频率分解并当成管理设备的作业钟表，透过对该作业钟表的 SCL 高低电平周期、重建原始环境下的时序。比如，仅通过 4 部作业钟表就能形成 4.9ns 的原始环境的时间。其次依照 I2C 协约，获得原始数据、原始地质、写入许可等一些指令，依次完成对各储藏设备的赋值，进而完成对 TVP5150 的分配。

（四）FPGA 模态下的颜色元素转化

此体系在 FPGA 中对 TVP5150 录入的 BT.656 参数实施解析，透过解交织。串并联系、颜色元素转化、帧处理、VGA 时序管理讯号的分析，得到 RGB 环境下的参数流。

1. 解交织

在解交织系统的应用过程中，能够实现对 TVP5150 录入的数字视频解码，进而获取 YCbCr 视频信号。

一帧完备的 PAL 环境下的 ITU-RBT.656 数据分成奇数组与偶数组，23-311 是偶数组的数据；366-624 为奇数组数据，其余则为场控制信号。每个 ITU-RBT.656 参数原本的 288 位是管控信号。起始阶段的 4 位是 EAV（有价值视频总线信号），并且对接 280 个固定填制数据，最终 4byte 为 SAV 信号。

SAV 信号与 EAV 信号有 3byte 的引导数据：FF，00，00；最终 1byteXY 是通过既定数据 1，F（奇偶标记）、V、H 与由 F，V，H 计算所得低四位构造。

通过连续判断 FF，00，00 和 XY 进行 F，V，H 的提炼以及有意义的视频信号预判，管控后期视频的处理、帧缓冲系统以及 DAC 系统时序构造，让录入视频参数流依次流过五到八位储存设施，所以时钟延迟并得到录入时序信号 TRS，对中央 3 个储蓄设备进行操控，当其数据都是 FF，00，00 阶段，TRS 预设为 1，反之就是零，当 TRS 信号改编成

1 之后，判断随之而来的 XY 数据并获得 F，V，H 信号。

2. 4 ：2 ：2—4 ：4 ：4 串并转换系统

本书把 4 ：2 ：2 串联参数变换为 4 ：4 ：4 并联参数，中心缺少 Cb、Cr 参数可以通过插值的方式获得。因为 YCbCr 信号属于串行数据流（表 4-1）。

表 4-1　YCbCr 模式下的串行数据流

1	2	3	4	5	6	7
Cb0	Y0	Cr0	Y1	Cb2	Y2	Cr2

3. 色彩空间转化模块

该模块是对分解的有价值 YCrCb 数据转化成 RGB 模式的数据值，针对 YCrCb 到 RGB 的转化能够使用下列算式实现：

$$R=1.164(Y-16)+1.596(Cr-128) \tag{4-26}$$

$$G=1.164(Y-16)-0.813(Cr-128)-0.392(Cb-128) \tag{4-27}$$

$$B=1.164(Y-16)+(Cb-128) \tag{4-28}$$

在 FPGA 内为了方便使用 Verilog 语言完成，首先对数据实施扩大处置，通过科学转换后可以得到算式。

等号右端的运算数据录入 16 位储蓄器内，读取高八位的数据就能够获得 R，G，B 的数据。通过转化后，三路的并行 YCrCb 数据值改编成三路并行的 RGB 数据值。

定义了五到十位的二进制 reg 数据 const1（10′ b0100101010），const2（10′ b0110011000），const3（10′ b0011010000），const4（10′ b0001100100），const5（10′ b1000000100）与八个十八位二进制 reg 变量 X_int，三项八位 reg 类储蓄设备最后输入 R_int[15 ：8] 等数据就能够得到转换后的 R，G，B 数据值。

```
X_int<=(const1 *(Y_reg - ‘d16));
A_int<=(const2 *(Cr_reg - ‘d128));
B1_int <=(const3 *(Cr_reg - ‘d128));
B2_int <= const4 *(Cb_reg - ‘d128);
C_int<=(const5 *(Cb_reg - ‘d128));
End
always @(posedgeclk)
begin
R_int<= X_int + A_int ;
G_int<= X_int - B1_int - B2_int ;
B_int<= X_int + C_int ;
end
assign R =(R_int[18 : 16] == 3’ b0) ? R_int[15 : 8] : 8’ b11111111 ;
```

```
assign G =（G_int[18：16] == 3' b0）？ G_int[15：8]：8' b11111111；
assign B =（B_int[18：16] == 3' b0）？ B_int[15：8]：8' b11111111；
```

4. 帧缓存

在 PAL 录入环境当中，YCbCr 属于隔行参数的一种，需将隔行的视频讯号处理为逐行，而透过颜色元素转化后的 3 个参数（R，G，B）中的每一回路中所包括的 1716 个周期，并且刚好是 VGA 两行的周期，因此将 1 行的数据储蓄后使用两大 RAM 实施乒乓储备，如果 RAM1 使用 13.5MHz 钟表接纳则经由色彩空间转换模块写入 RGB 图片数据中，利用 RAM2 解读 27MHz 钟表，当 RAM1 储备完成 1 行数据时则可对 RAM2 内 1 行数据进行两次解读，两个行储备工作做完后，实施转换，RAM1 内的数据读取，RAM2 接纳数据。由此类推，利用乒乓储备后奇行有价值数据进行两次读取，完成了数据流的无缝缓冲。

第五章　图像增强技术及应用

第一节　图像增强的概述

数字图像能够实现复原、增强以及分割等手段处理，具有精度高、多样性以及处理量大等特点。数字图像增强处理技术在实际发展中受到许多因素的制约，如对于信息存储量的要求等。所以，应切实增强对数字图像处理技术的研究，使其能为人们的工作与生活提供有效的帮助。

一、数字图像增强处理技术现状

数字图像增强处理技术即指借助计算机对图像进行处理的过程，本质在于增强图像的视觉效果，其中主要包括图像增强、图像还原以及图像数字化等。随着计算机在人们生活中的广泛应用，数字图像增强处理技术的发展不断地取得进步，并取得了一定的成绩，已经越来越成为各个领域当中不可或缺的部分。目前，数字图像增强处理技术的主要处理方法是依据二维的方式，这种方式虽对提升图像质量有一定的作用，但若想取得更大的进步、更高水平的发展，就应积极向三维的方式逐步拓展，使三维的方式广泛为各个领域所运用，从而实现数字图像增强处理技术的良好发展。

现阶段我国对数字图像增强处理技术的主要研究，是对目标识别以及图像压缩编码等方面的研究，但并未在实际生活中得以深入使用，就目前情况来看，数字图像增强处理技术将会朝着更立体、更清晰的方向迈进。

二、数字图像增强处理技术的发展趋势

数字图像增强处理技术在视觉的层面，将会有进一步突破，视觉的感官对人们来说是非常重要的，所以数字图像增强处理技术当下的研究话题主要为识别三维，这对于军事领域以及危险的作业环境等方面，都起着十分重要的作用。由于当前人们对于数字图像增强处理技术的了解还未能深入，所以还需要进行不断的探索与实践，进而发挥出数字图像增强处理技术对于现今社会发展的积极作用。

数字图像增强处理技术会朝着虚拟现实的方向发展，这里所说的虚拟现实是指应用计算机而构建成的虚拟三维空间，并通过计算机的硬件技术使其得到体现。人们能够借

助摄像机来了解某处的实际环境，进而实现数字图像增强处理技术的有效应用。同时，虚拟现实是未来的发展方向，这是一种趋势，同时也是社会发展的一种迫切的需要，所以，数字图像增强处理技术应不断进行探索与实践，从而使自身的发展满足社会的实际需求。

目前，数字图像增强处理技术的发展趋势是改变传统的二维方式转向三维的发展，如对两点之间障碍的反应、三维技术在地图方面的应用以及在军事方面的应用等，并为这些领域的发展带来了极大便利。在计算机中对三维进行重建的难点主要在于视觉的领域研究，虽然数字图像增强处理技术在图像识别、分割以及压缩等方面都取得了一定的成绩，但在专业压缩算法和图像识别算法等方面却亟待加强。

三、数字图像增强处理技术研究

通过对数字图像增强处理技术图像数字化、图像压缩、图像描述以及图像识别等的研究，我们探索出了提高数字图像清晰度的有效方法，进而使数字图像增强处理技术取得不断的发展与进步。数字图像增强处理技术研究，具体内容介绍如下。

（一）图像数字化

数字图像增强处理技术是计算机在进行图像处理的重要步骤，是为了将图像的格式进行转化，进而实现计算机的存储，数字图像数字化的处理过程主要分为量化与采样。图像在某种环境中的离散状态称为采样。借助空间环境的灰度值体现图像则称为样点。采样的实质内容是考虑用多少点来对一幅图画进行描述，并且采样质量的高与低是依据图像分辨率来确定的，若想获得清晰度较高的图像，就必须借助许多的点来体现与表示图像，虽然点的增加需要计算机更大的存储空间，但却能使图像足够清晰，具体的采样方式可以是点阵采样与正交系数采样。

量化则是指利用很大范围的数值来体现图像采样后的点，其数值的范围区间包括图像上所应用的全部颜色。量化所产生的结果是图像颜色点的总和，因此，量化的位数若较大，那么则说明图像所具备的颜色越多，自然就能够呈现更为细致清晰的图像效果。但这样的方式也会占用大量的存储空间，两者的主要问题都在于存储空间与视觉效果之间的矛盾。

（二）图像压缩

相同行的活动图像以及相邻像素都是具有很强的关联性的，除去这些关联性，也就能够除去图像信息中存在的冗余度，也就是说，能够使数字图像得到压缩。由于视觉对边缘环境的不敏感性，所以可以借助这种特点将编码精度适当降低，并且让人们感觉不到数字图像质量的降低，以实现数字图像的压缩，这种图像压缩的方式不会对图像的质量造成损害，是一种行之有效的处理方式，对于现阶段数字图像增强处理技术的发展极为有利。

（三）图像增强和复原

图像增强是处理图像的重要手段，它主要是借助变换的方式以及数学的方法提升数字图像的清晰度与对比度，进而使处理后的图像效果与人的视觉特征更加符合。图像增强的主要方式为频域图像增强以及空域图像增强，频域图像增强是将数字图像看成二维的信号而进行二维信号变换的增强。

另外，借助低通滤波法能够将图像中的噪声去掉，而高通滤波法，则能够使边缘的信号得到增强，进而将模糊的照片变为清晰。空域图像增强法也可以用来去除噪声，增强图像的清晰度。图像增强的主要方法包括边缘锐化、干扰抵制以及伪彩色处理等，使图像呈现最好的效果，有助于增强人们的视觉感受，使人们充分体会到清晰的图像带来的美感，从而有效地推动数字图像增强处理技术的发展与进步。

图像复原的本质目的在于除去因畸变以及系统误差等原因而造成的退化。在对图像复原时，应建立退化模型，以避免图像质量的下降，而后利用相反的程序对图像进行恢复，并借助一定的标准来判断是否为数字图像的最佳效果。

（四）图像识别

图像识别是通过计算机对图像进行分析、处理以及认识，进而识别出不同的对象和目标，图像在经过处理之后，应对图像的特征以及分割进行提取，以实现判决分类。图像的分类多运用经典模式的识别方式，可以为句法模式分类以及统计模式的分类。模糊识别的方式在数字图像增强处理技术中十分重要，所以应加以广泛地应用与分析，使相应的技术手段趋于成熟，以实现数字图像增强处理技术的不断发展与进步。

（五）图像描述

将图像进行区域分割后，应将分割后的区域加以描述与表示，为计算机的处理提供方便。图像描述是数字图像识别的重要前提，较为单一的二值图像可通过其特性来对物体的特性进行描述，通常的描述方法为二维块状的描述，其中包括区域描述以及边界描述两种方法。若是特殊纹理图像可利用二维的纹理特征对其进行描述，随着数字图像增强处理技术的不断发展，三维物理的描述研究已然提上日程，相信其发展势必会对数字图像增强处理技术的发展产生积极的影响，从而使各个领域都能有所受益。

四、数字图像增强的基础理论

图像增强后图像质量评价：一是图像的真实度，即处理后图像与原始图像的相似度；二是图像的可读度，即图像能向人类视觉系统或机器提供的辨别信息程度。

（一）图像的灰度值

图像的灰度值是对灰度图像进行增强处理的一个基本要素，彩色图像可以先转换为灰度图像再进行处理。设函数 f 表示图像的灰度值，则 $f(x, y)$ 为位置为 (x, y) 像素点的灰度值。在计算机进行处理时，$f(x,y)$ 的取值范围为 0 ~ 255[26]，$f(x,y)$ 的取值越大，表示这个像素点的亮度越大；$f(x, y)$ 的值越小，表示这个像素点越暗。其中，x 表示该像素点的横坐标，y 表示像素点的纵坐标。

（二）灰度直方图

灰度直方图是图像最基本的统计特性，它是一个二维坐标图，它描述了一幅图像中所有像素点的灰度值分布的情况。如图 5-1 所示，图（a）为灰度图像，图（b）是图（a）的直方图，其中横坐标对应该图中各像素点的灰度值，从左到右代表从黑到白的影调，即横坐标值越大表示越亮；纵坐标是对应横坐标的灰度值出现的频率次数，纵坐标值越大，表示该灰度值数出现的频率越多。

（a）灰度图像

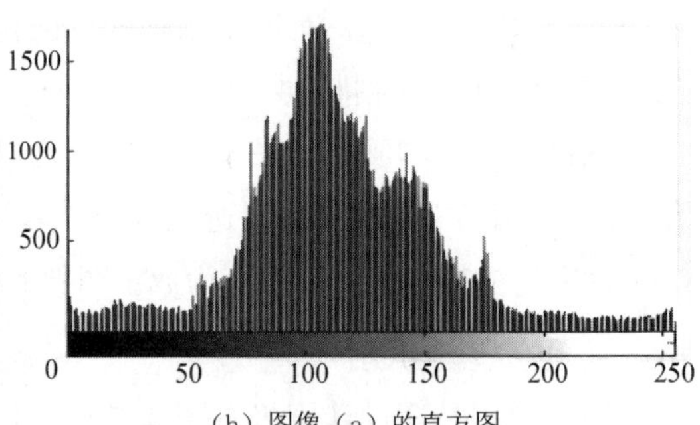

（b）图像（a）的直方图

图 5-1　灰度图像及其直方图

从图 5-1（b）可以看出，图 5-1（a）中处于灰度级于 100 左右的像素数最多，黑（暗）度级高和白（亮）度级高的像素数目比较少。由于计算机在处理连续数据时经常把其转换为离散数据更为容易处理。因此，需要把直方图中的数据离散化。

第二节　图像增强的关键技术

图像增强处理是数字图像处理技术中的一种重要方法。在实际生活中，图像可能会因拍摄环境恶劣、传输噪声引入等原因导致图像质量降低。图像增强处理可以有效去除图像噪声、增强图像边缘，突出图像中所需的重要信息，去除或弱化不重要的信息，达到改善图像视觉质量的效果，更适合人的观察或机器的识别。以下介绍两种常用的图像增强处理法——空间域增强法和频率域增强法的关键理论和算法，并用 Matlab 软件对其进行模拟仿真，对不同的算法处理的效果进行对比和分析，介绍一种基于空间域增强法和频率域增强法相结合的图像增强技术。

一、空间域图像增强法

空间法是对图像中的像素点进行操作，如公式（5-1）所示：

$$g(x, y) = f(x, y) \times h(x, y) \tag{5-1}$$

式中：$f(x, y)$ 是指待增强的图像；$h(x, y)$ 是指空域增强函数；$g(x, y)$ 是指进行增强后的图像，空间域图像增强每次增强处理是对单个像素进行或者是对一小块模板进行，空间域图像增强的基本步骤如图 5-2 所示。

图 5-2　空间域图像增强的基本步骤

基于空间域图像增强法主要有直方图均衡化、直方图规定化、图像平滑、图像锐化等。

（一）直方图均衡化

灰度直方图是数字图像处理中的常用工具，它是关于灰度级分布的函数，是图像最基本的统计特性。灰度直方图是将数字图像中的所有像素，按照灰度值的大小，统计每个像素点出现的频率，表示图像中具有某种灰度级像素的个数。

直方图均衡化的主要思想是把原始图的灰度直方图从集中度较大的灰度区间转换成在全部灰度范围内的均匀分布，即通过对比度拉伸扩大前景和背景灰度的级别，达到增强图像对比度和亮度的目的。直方图均衡化的优点是：对于背景和前景太亮或者太暗且区分度不高的图像增强效果较佳。这种增强方法的缺点是：处理后图像的灰度级减少，某些细节消失。

在 Matlab 中用 J=histeq(I，n) 函数对灰度图像 I 进行均衡化处理，n 为灰度级数，当 n 缺省时值为 64。如图 5-3 所示为原始灰度图像与均衡化图像及其直方图的对比。

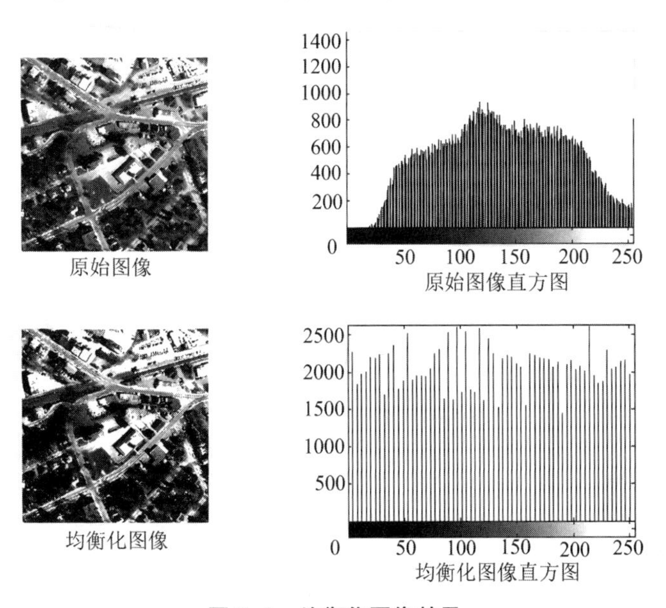

图 5-3　均衡化图像效果

（二）直方图规定化

直方图均衡化使图像的灰度级在全局中均衡分布，在实际应用中，经常会根据不同的增强需求，需要在指定区域进行灰度调整，这时可以提供一个参考图像，使原始图像经过增强处理后与参考图像的灰度级分布相似，这就是直方图规定化。

设原始灰度图像的灰度分布概率函数为 $p_r(r)$，参考图像的灰度分布概率函数为 $p_z(z)$，直方图规定化处理是将原始图像的直方图转换为 $p_z(z)$ 的分布形式，设公式（5-2）为参考图像采用同样的方法进行均衡化处理的转换函数：

$$v = G(r) = \int_0^r P_z(z) d_z \tag{5-2}$$

使原始图像和参考图像都具有相同的分布密度，即，

$$P_s(s) = P_v(v) \tag{5-3}$$

在 Matlab 中，简单的直方图规定化编程为：

im0_h=imhist(im0) ; im2=histeq(im1，im0_h) ;

如图 5-4 所示，为经过规定化处理的图像效果，可见，原始图像处理后的直方图和参考图像直方图灰度级分布区域相似。

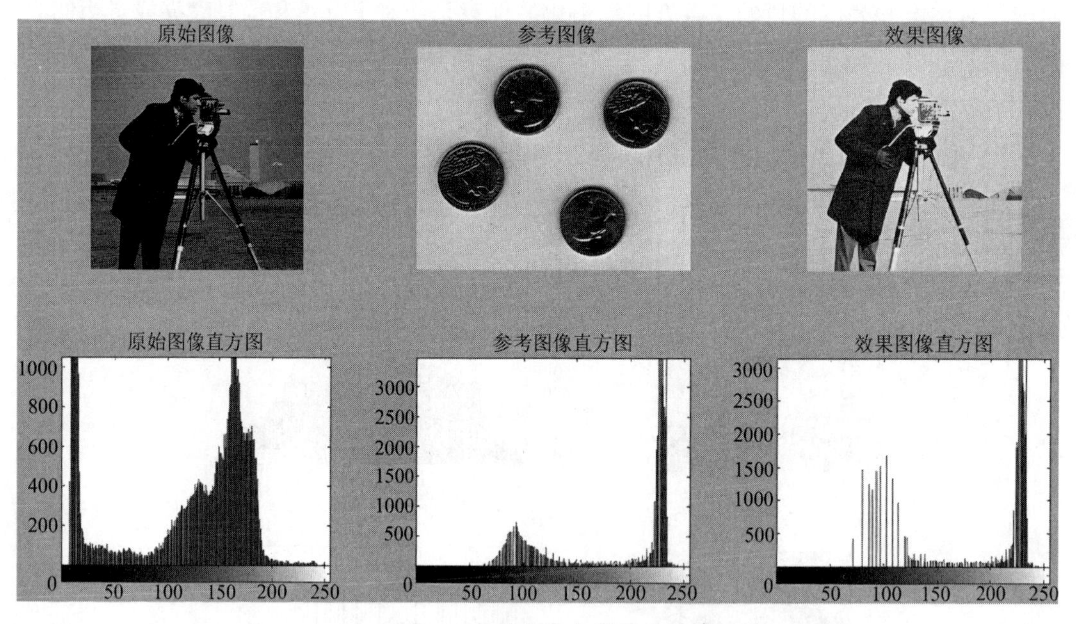

图 5-4　图像规定化增强处理

（三）图像平滑

图像平滑的目的是消除或尽量减少噪声，改善图像的质量。图像的平滑突出图像的低频部分，抑制图像的高频部分（噪声信号）。下面对空间域平滑处理中的邻域平均法滤波和中值滤波法进行说明和比较。

邻域平均法的思想是利用图像点（x，y）及其邻域中若干像素的灰度平均值来代替

点（x，y）的灰度值，例如，将原图中一个像素的灰度值和它周围邻近 8 个像素的灰度值相加，然后将其和除以 9 得到平均值，并作为新图中该像素的灰度值。该种方法以图像模糊为代价来减小噪声，使得对亮度突变的点产生了平滑效果。中值滤波的基本原理是把数字图像中某点的邻域中各点值的中值代替该点的值，让周围的像素值更接近真实的值，从而消除孤立的噪声点。中值滤波可以在消除随机噪声时不使边缘模糊，但对细节较多的图像不宜采用中值滤波。

在 Matlab 中，用邻域平均法和中值滤波法进行图像平滑的函数使用方法如下：

K1=filter2(fspecial('average'，3)，J)；% 用 3×3 模板 % 进行邻域平均法平滑滤波

K2=medfilt2(J，[3，3])；% 用 3×3 模板进行中值平滑 % 滤波

如图 5-5 所示，为添加椒盐噪声后的图像进行邻域平均滤波和中值滤波的效果，可以看出中值滤波对受椒盐污染的图像处理效果比较好。

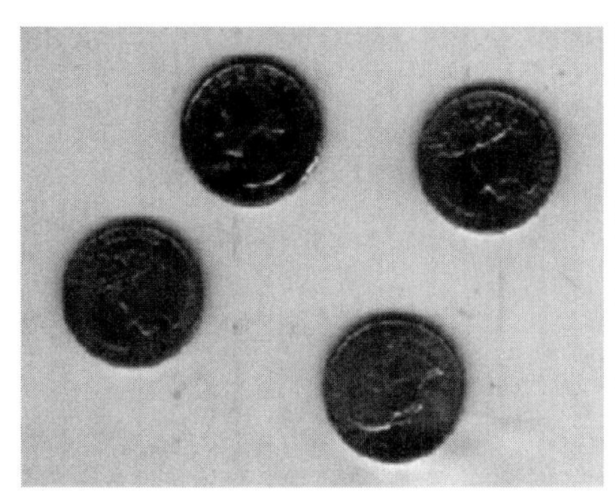

（a）原始灰度图像

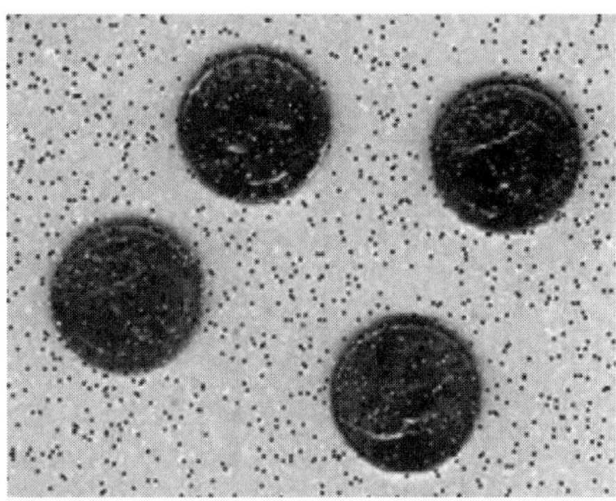

（b）添加椒盐噪声后的图片

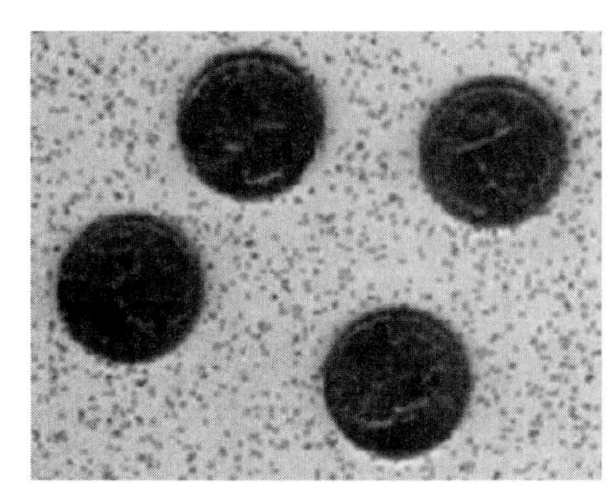

（c）3×3 邻域平均

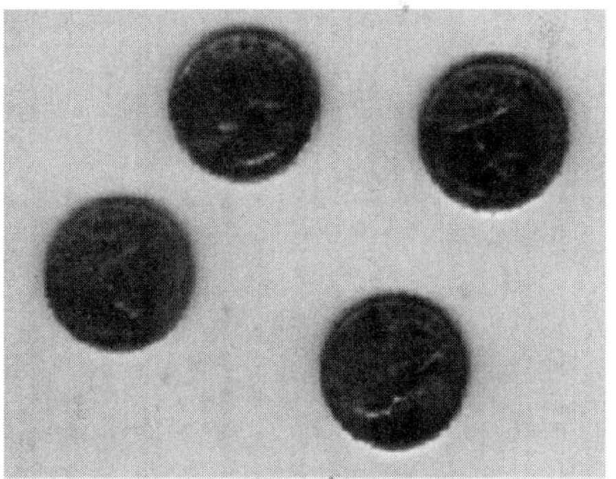

（d）3×3 中值滤波

图 5-5　邻域平均滤波与中值滤波效果

（四）图像锐化

图像锐化目的是让图像的细节，如边缘、顶点等更加清晰、突出、尖锐，是一种补偿轮廓、突出边缘信息的处理方法，空域法常用的图像锐化方法有：

h1=fspecial('sobel')；% Sobel 算子

J1=filter2(h1, I); % 对灰度图像 I 进行 Soble % 算子锐化

h2=[0 1 0, 1 -4 1, 0 1 0] ; %h2 为 Laplace 算子 % 模板

f1=filter2(h2, I); % 模板滤波

J2=I-f1 ; %J2 为图像 I 的 Laplace 算子锐化图

如图 5-6 所示，为使用 Sobel 算子和 Laplace 算子处理图像的效果图，可以看出 Sobel 算子处理更清晰地突出了图像纹理的边缘；Laplace 算子处理后对线性和孤立点、孤立线检测效果好，锐化后效果更接近原图，但边缘信息丢失多。

（a）原始灰度图像

（b）Sobel 算子处理图像效果

（c）Laplace 算子处理图像效果

图 5-6　Sobel 算子和 Laplace 算子图像锐化效果

二、频率域图像增强法

频率域图像增强的实现主要分为以下三步。

图像 I 通过傅里叶变换将从空间域转换为频率域并进行数据矩阵平衡，其 Matlab 实现语句为：f=fft2(double(I)) ; g=fftshift(f)。

在频率内对矩阵 g 进行处理。

矩阵 g 通过傅里叶反变换转换到空间域得到增强图像 J，其 Matlab 实现语句为：k=ifftshift(g) ; J=unit8(real(ifft2(k)))。

（一）低通滤波

频域低通滤波的目的是保留低频信息、抑制高频信息的滤波。理想低通滤波器能够去除高于截止频率的信息，同时完全保留低于截止频率的信息，有利于对图像噪声抑制，但是，会对图像的边缘和细节产生模糊效应。在实际应用中，经常用到巴特沃斯低通滤波器、高斯低通滤波器等，高斯低通滤波系统的传递函数表示为：

$$H(u,v)=\mathrm{e}^{-\frac{\left(u-\frac{M}{2}\right)^2+\left(v-\frac{N}{2}\right)^2}{2\sigma^2}} \tag{5-4}$$

其中，σ 为高斯曲线的标准差，M 为图像的宽度，N 为图像的高度。使用 Matlab 编写高斯低通滤波传递函数的主要程序为：

d0=30 ; % 初始化截止频率 d0

m=round(M/2) ; % 对 M/2 取整数

```
n=round( N/2 );
for i=1 : M
for j=1 : N
d=sqrt(( i-m )^2+( j-n )^2 );
h=1*exp( -1/2*( d^2/d0^2 )); % 高斯滤波传递函数
s( i, j )=h*f( i, j ); %
s( i, j ) 为高斯滤波后的频域表示
end
end
```

（二）高通滤波

频率高通滤波是在保留高频信息，削弱低频信息，以达到图像锐化的效果。常用的高通滤波器有：巴特沃斯高通滤波器、高斯高通滤波器、梯形高通滤波器、指数型高通滤波器等。

使用 Matlab 编写二阶巴特沃斯高通滤波器传递函数的主要程序为：

```
n=2 ; d0=15 ; % 初始化阶数 n，初始化截止频率 d0
m=round( M/2 );
n=round( N/2 );
for i=1 : M for j=1 : N
d=sqrt(( i-m )^2+( j-n )^2 );
h=( 1/( 1+( d0/d )^( 2*n ))); % 巴特沃斯滤波函数
b( i, j )=h*f( i, j ); % 巴特沃斯滤波后的频域表示
end
end
```

三、空间域与频率域相结合的图像增强技术

在对图像进行平滑处理时，会使图像模糊；在对图像进行锐化处理时，会增强图像中的噪声。因此，在对图像进行增强处理时，可以先对图像进行平滑处理，再进行锐化处理。采用空间域与频率域相结合的方法进行图像增强处理，有利于突出图像的重要信息，提高图像质量。

（1）采用频率域增强法中的高斯低通滤波器进行图像平滑处理，可以减弱图像的噪声。

（2）使用空间域增强法中的 Laplace 算子进行图像锐化，可以把模糊边缘变得清晰。

（3）运用直方图均衡化，可以增强图像的对比度。

图 5-7 为空间域与频率域相结合的图像增强处理效果：其中图 5-7(a) 是带有噪声的原始图像；图 5-7(b) 是经过高斯低通滤波器处理后的图像，图像减弱了高频部分，去

掉了部分噪声，但图像边缘比较模糊；图 5-7(c) 是对图 5-7(b) 进行 Laplace 锐化后的图像，图像边缘更加清晰；图 5-7(d) 是对图 5-7(c) 进行直方图均衡化后的图像，图像的对比度和亮度明显增强。

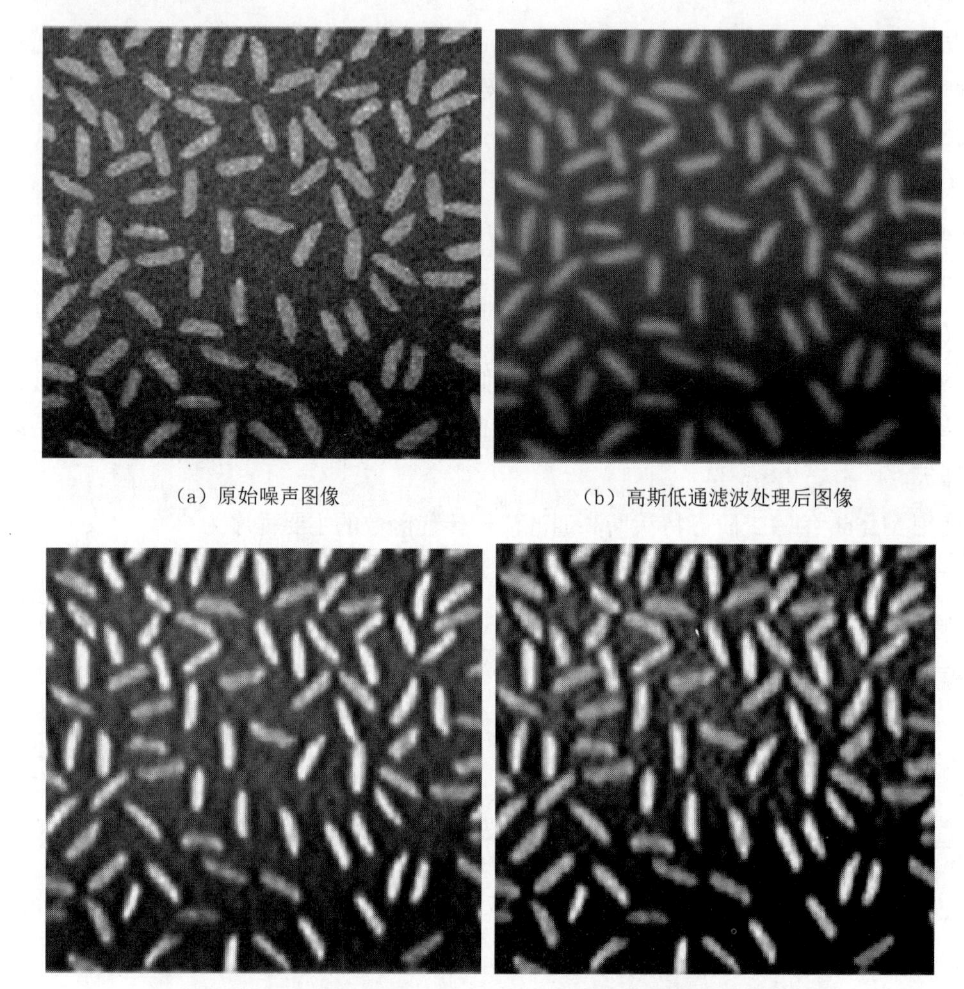

(a) 原始噪声图像　(b) 高斯低通滤波处理后图像

(c) Laplace 算子处理后图像　(d) 直方图均衡化处理后图像

图 5-7　空间域与频率域相结合的图像增强处理效果

四、基于时频域相结合增强法的图像去雾技术

随着人类工业的快速发展，空气污染情况也越来越严重，特别是雾霾天气越来越频繁。雾霾常常会给人类的生产和生活带来极大不便，也增加了交通事故的概率。在有雾的天气，户外图像采集设备（如道路监控、摄像机等）会因雨、雪、雾、霾、烟、尘等天气的影响，使其采集图像的对比度退化，图像中的一些重要信息特征也变得模糊，导致一些监控系统无法正常地捕捉真实情况。因此，使用图像增强法研究去雾技术具有非常重要的现实意义。在上一节中提到的基于时频域相结合的彩色图像增强法能够去除图像中的部分雾霾，使图像的清晰度更高，但是仍然不能达到较好的效果，改进的时频域相结

合的图像增强法会使恶劣情况下拍摄的照片更为清晰。

（一）改进时频域相结合增强法的原理

改进的彩色图像时频域结合算法更适用于提高图像清晰度，因此较原来的方法在锐化方法上进行了改变。其步骤为：

（1）将 RGB 图像的通道提出来。

（2）对每个通道使用傅里叶变换将图像转到频率域，应用低通滤波器实现图像去噪，再将每个通道转换到空间域。

（3）使用 Retinex 增强处理对每个通道进行处理。

（4）把 3 个通道整合到新的图像中。

（二）Retinex 理论

Retinex 理论为人感知到某点的颜色和亮度取决于两个方面：一是该点进入人眼的绝对光线，二是该点周围的颜色和亮度有关。Retinex 模型建立的基础有以下 3 点。

（1）三原色决定了每个像素区域的颜色。

（2）给定波长的红、绿、蓝三原色构成了图像中每一范围的颜色。

（3）真实世界是无颜色的，我们所感知的颜色是光在物体上反射的作用结果。

如图 5-8 所示，人类肉眼所看到的物体的图像是由入射光照和反射率相组合所决定的，而真实的图像应该由物体本身的反射率组成，与入射光照（拍摄时的外部光照影响因素）无关，因此我们需要从原始图像中去除入射光，从而消除光照问题引起的干扰，提取出物体的反射率，即得到了最为贴近真实的物体图像。

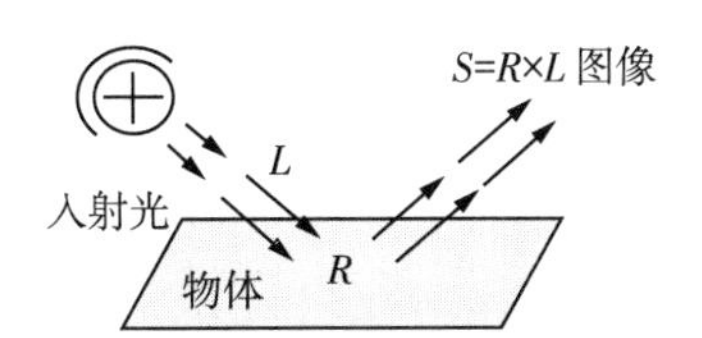

图 5-8　Retinex 理论中图像的构成

设原始图像 S 是光照图像 L 和反射率图像 R 的乘积，则：

$$S(x, y) = R(x, y) \times L(x, y) \tag{5-5}$$

现在我们为了得到 R 分量，要去除 L 分量，在图像增强处理中，一般将图像转到对数域，则得到：

$$S = \log S,\ I = \log L,\ r = \log R \tag{5-6}$$

进一步将对数中乘积关系转换为和的关系，从而得到：

$$\mathrm{Log}(S) = \log(R \cdot L) = \log R + \log L,\ s = r + I \tag{5-7}$$

最终推算出 L 分量值 $f(s)$，得到原始反射分量 R 的值，如下式所示：

$$I = f(s),\ r = s - f(s) \tag{5-8}$$

（三）时频域相结合去雾技术的实现

为了达到更好的去雾效果，提出一种新的 Retinex 改进算法，对不同模板多次去除 L 分量反射值进行合计的方法，其步骤如下：

（1）使用 mat2gray 对每个通道进行数据归一化，即使矩阵的每个元素的值都在 0 到 1 之间。

（2）定义标准差与模板，进行高斯卷积滤波，推算出 L 的分量值。

（3）对 S、L 进行对数转换，其差为 r 分量的值。

（4）重复 n 次以上步骤，每次都变换标准差与模板的值，取每次的 r/n 值然后相加，得出最后的光照分量 r 的值。

（5）对 r 的结果求指数，得到 R 的值。

该算法使用 Matlab 实现的核心程序为：

```
% 函数 RE1 的功能是对单通道进行 Retinex 算法，其中参数 x 为标准差、n 为：
模板大小，返回的值为 R，G，B 通道对应的分量 r 的值 r1，g1，b1。
function [r1，g1，b1]=RE1( x，n )
% 对 R，G，B 分通道数据类型归一化
xr=mat2gray( r1 )；%R 通道
xg=mat2gray( g1 )；%G 通道
xb=mat2gray( b1 )；%B 通道
n1=floor( ( n+1 )/2 )；% 计算模板中心
% 高斯变换
for i=1 ：n
for j=1 ：n
b( i，j )=exp-( ( i-n1 )^2+( j-n1 )^2 )/( 4*x )/( p*x )；
end
end
% 卷积滤波
pr1 = imfilter( xr，b，' conv'，'replicate' )；%R 通道
pg1 = imfilter( xg，b，' conv'，'replicate' )；%G 通道
pb1 = imfilter( xb，b，' conv'，'replicate' )；%B 通道
lr1=log( pr1 )；lg1=log( pg1 )；lb1=log( pb1 )；% 推算的反射 L 的对数值
sr1=log( mr )；sg1=log( mg )；sb1=log( mb )；% 原始 S 对数值
r1=( tr1-ur1 )；
g1=( tg1-ug1 )；
b1=( tb1-ub1 )；
```

end

假设经过 n 次不同标准差与模板的计算得到 R，G，B 通道的 r 分量值分别为（r1，g1，b1）、（r2，g2，b2）和（r3，g3，b3），则取其平均值得到最终 R，G，B 通道的 r 分量的值 fr，fg，fb 为：fr=(r1+r2+r3)/n，fg=(g1+g2+g3)/n，fb=(b1+b2+b3)/n。

如图 5-9 所示，为原图像与基于时频域的彩色图像增强法去雾效果以及改进增强法的去雾效果对比，可以看出基于 Retinex 算法的时频域相结合的图像增强法能够更清晰地显示路况细节，去雾效果更佳。

（a）原始图像

（b）时频域结合的去雾效果

（c）基于 Retinex 的时频域结合的去雾效果

图 5-9　两种时频域相结合的彩色图像增强法去雾效果对比

对于一幅有雾气的模糊图像，我们可以采用不同的增强技术进行图像增强，其效果也不同。

使用直方图算法对图像进行增强：图像的分辨率与清晰度改变不大，图像的表面仍然存在很多不清晰的地方，直方图算法只是实现了对图像像素的拉伸，使图像的像素在全局范围内呈均匀分布，但图像的整体亮度仍然偏暗，并没有突出原图像的色彩差异，并且去除雾气的效果仍然不明显。

使用时频域结合的彩色图像增强法进行处理：发现图像中的细节和轮廓更加清晰，图像对比度有所提高，但仍然不高。

只用基于 Retinex 的算法对图像进行处理：清晰度还是去雾的效果都有显著提高，图像的颜色也更接近原来图像的颜色，且基本还原了原图像的色彩差异。

使用时频域结合 +Retinex 算法可以平衡图像灰度动态范围的压缩，图像增强和图像颜色恒常三个指标，能够实现对表面含有雾气等造成图像表面模糊的自适应增强，并且在去除噪声的同时，加强了细节轮廓的清晰度。

第三节　图像增强技术的应用

近年来，在开展图像增强处理内容的研究时，国内外很多学者大多采用 MATLAB 软件来进行编程实现。然而，大多数研究者使用 MATLAB 调试程序时存在两个缺点：一是演示的窗口过于单一化，只显示处理结果，并不能让观察者直观地了解其使用方法或其应用参数等，使得演示过程变得较为烦琐；二是修改程序比较负责，例如，如果要更改参数需要重新完整地输入相关程序代码，使得整个过程显得分散而凌乱。

一、实现图像增强的软件

（一）Matlab 中常用图像增强函数说明

1.imhist 函数

格式：imhist（I，n）

功能：计算和显示数字图像 I 的直方图。

说明：n 为指定的灰度级数目，缺省值为 256。

2. histeq 函数

格式：J=histeq（I，n）

功能：实现数字图像 I 的直方图均衡化。

说明：n 是指定均衡化后图像的灰度级数，默认缺省值为 64。

3. imnoise 函数格式

格式：J=imnoise（I，type，parameter）

功能：向图像 I 引入典型噪声。

说明：关于 imnosie 函数中参数的说明，如表 5-1 所示。

表 5-1　imnosie 函数参数说明表

type 值	噪声类型
‘gaussian’	高斯噪声
‘salt&pepper’	椒盐噪声
‘speckle’	乘性噪声

4. filter2 函数

格式：J=filter2（I，h）

功能：对数字图像 I 进行模板为的滤波。

5. conv2 函数

格式：J=conv2（I，h）

功能：对数字图像 I 进行模板为 h 的二维卷积滤波。

6. medfilt2 函数

格式：J=medfilt2（I）

功能：对数字图像 I 进行中值滤波。

7. fspecial 函数

格式：H=special（type）

功能：产生预定义滤波算子。

说明：关于 special 函数中参数的说明，如表 5-2 所示。

表 5-2　special 函数参数说明表

type 值	算子类型
'average'	均值滤波算子
'gaussian'	高斯低通滤波算子
'sobel'S	Soble 滤波算子
'laplacian'	拉普拉斯滤波算子

（二）MatlabGUI 介绍

高版本的 MATLAB 中具有更为丰富的图形设计工具，能够创造丰富的图形用户界面，实现友好的人机交互，能够实现这些功能的就是 MATLABGUI。

GUI（Graphical User Interfaces）称为图形用户界面，它的主要构成部分有：窗口、菜单、工具箱、文字说明、组件、按键、设计工作区等对象。用户可以使用这些图形对象实现计算、绘图、设计等。GUI 可以向使用者提供友好人机交互的应用程序，便于进行某种技术和方法的直观演示。

其中，组件对象可以分为 3 类：一是静态组件，例如，静态文本、面板等控件；二是图形组件，例如，按钮、编辑框、列表框、滚动条、列表框、弹出式菜单等控件；三是菜单和坐标轴控件，轴坐标组件经常用于显示和保存输出图形化数据。GUI 设计的内容保存在两个文件中：FIG 文件和 M 文件。FIG 文件的扩展名为 .fig，它包含窗口界面以及窗口中的所有组件；M 文件的扩展名为 .m，它包含控制 GUI 的代码和组件的回调事件代码。

二、系统总体设计

数字图像增强处理系统采用模块化设计，每一个模块都具有不同的图像增强功能，功能模块主要分为：主界面调用模块、直方图均衡化模块、平滑处理模块、锐化处理模块、时频域结合增强技术模块。

（一）系统特点与功能

数字图像增强处理系统具有的特点如下。

界面友好直观：采用主窗口调用其他关联子窗口的形式，界面采用全中文方式的菜单和按钮方式。

选择主动灵活：用户可以选择不同处理方法、处理步骤、参数设置，便于比较不同方法和参数条件下的图像处理效果，有利于用户理解有关参数变化对处理结果的影响。

便于分步观察：用户可以根据实际情况的需要利用本系统进行分步骤的处理试验。用户可以清楚地观察到每一步的图像变化效果，当处理结果不能完全满足要求时，能够找出哪个处理环节出现问题，有针对性地对算法加以改进或重新选择参数，直到得到满意的处理效果。

数字图像增强处理系统具有的主要功能有：其一，通过选择按钮读入或保存图像；其二，对图像进行直方图修正，具有能够对灰度图像和彩色图像进行直方图均衡化以及灰度直方图规定化的功能；其三，对图像进行平滑（去噪）处理，可以采用空间域滤波和频率域低通滤波的方法实现图像平滑；其四，对图像进行锐化处理，可以使用空间域锐化算子滤波和频率域高通滤波的方法实现图像锐化；其五，实现基于时频域相结合的图像增强，包含灰度图像增强、彩色图像增强以及彩色图像去雾处理。

（二）总体框架设计

按照数字图像增强处理涉及的技术和对系统进行的需求分析，设计系统总体框架如图 5-10 所示。

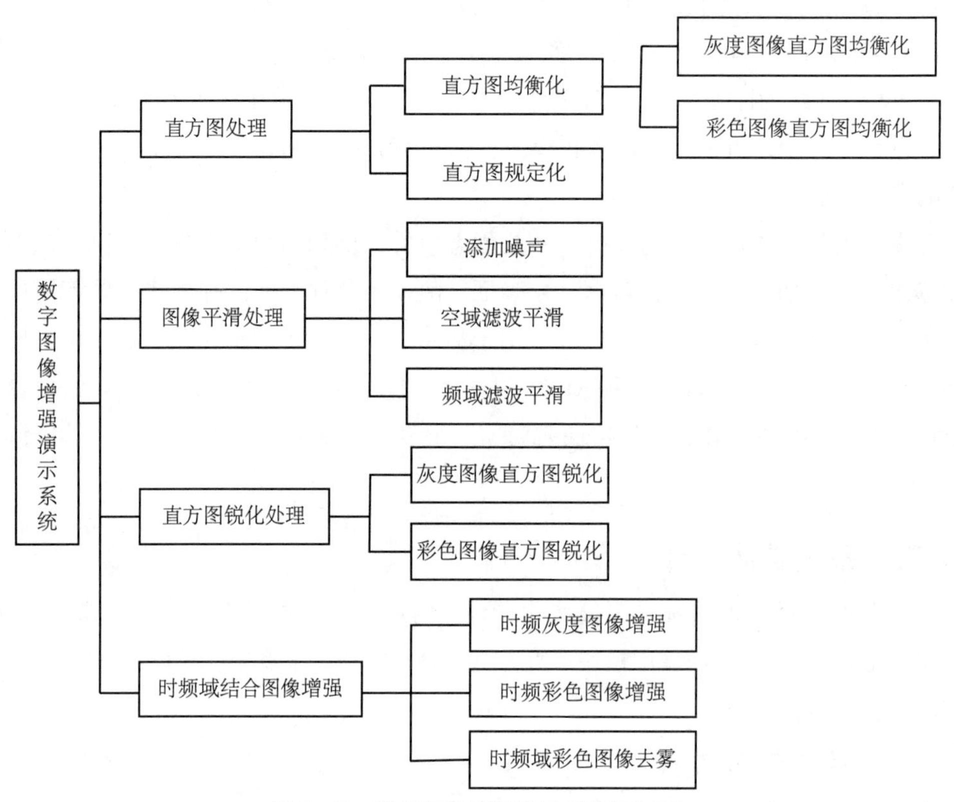

图 5-10　数字图像增强演示系统框架图

（三）系统界面设计

系统界面设计由一个主窗口和若干子窗口组成，各窗口相互关联。在主窗口中，设置有 7 个一级菜单，包含："文件" 菜单、"直方图处理" 菜单、"图像平滑处理" 菜单、"图像锐化处理" 菜单、"时频域结合图像增强" 菜单、"帮助" 菜单、"退出" 菜单，每个一级菜单都有相关联的子菜单，不同的菜单能够激活相应的图像增强处理的算法。

三、系统详细设计

在系统的每个功能子窗口设计中，都有以下几个共同的功能。

选择并打开图像。在本系统中，选择并打开图像采用按钮来操作，其功能程序应该写在 M 文件的该按钮的回调函数（Callback）中，以下程序的功能是：打开一幅灰度图像（如

果是彩色图像，则转为灰度图像），并把它显示在 axes 的轴中。

```
[File_N，Path_N]=uigetfile( { '*.jpg ; *.bmp ; *.gif ; *.png ; *.tif' ; '*.jpg' ; '*.bmp' ;
'*.gif' ; '*.png' ; '*.tif' },' Open input image' ) ; % 设置可选择图像的格式
str=[Path_N，File_N] ; % Path_N 为路径名称，File_N 为文件名称
global im1 ;
im1=imread( str ) ; % 读入图像
mysize=size( im1 ) ;
if numel( mysize )>2 % 判断是灰度图像还是 RGB 彩色图像
im1=rgb2gray( im1 ) ; % 将 RGB 彩色图像转换为灰度图像
end
axes( handles.axes1 ) ; % 选择承载轴
cla reset ;
hold on ;
imshow( im1 ) ; % 显示图像
```

保存图像。保存轴 axes2 中处理好的图像的方法程序为：

```
[f，p]=uiputfile( { '*.jpg' },' 保存文件' ) ;
str=strcat( p，f ) ;
pix=getframe( handles.axes2 ) ;
imwrite( pix.cdata，str，' jpg' ) ;
```

由于彩色图像直方图均衡化模块采用了新的算法，而图像平滑处理模块、图像锐化处理模块以及灰度图像的时频域结合处理模块中用到的选择参数和控制组件比较多，具有代表性。

（一）彩色图像直方图均衡化模块设计

1. 界面设计

彩色图像直方图均衡化处理模块的界面设计中由 2 个轴组件和 1 个命令面板等组成。2 个轴组件分别装载原始图像、处理后图像；1 个控制面板中含有 4 个按钮，分别是选择图像、直方图均衡化处理、分通道直方图显示、保存按钮。

2. 功能实现

该模块中的彩色图像均衡化处理，也是处理的 RGB 图像，但是没有像上文所提到的分通道处理再整合的方法进行，而是把 RGB 图像看成一个 R×C×K 的三维数组，该数组中 R 代表图像像素的行数、C 代表列数、K 代表颜色通道数，其实现步骤为：一，将每个像素值出现的次数统计到二维数组 mbb 中；二，统计每个像素值出现的概率，得到直方图概率函数；三，求累计概率，得到累计直方图；四，完成每个像素点的均衡化，即得到 [0，255] 的映射；

```
% 彩色图均衡化
global im1 ; global im2 ;
[R, C, K] = size( im1 ); % 新增的 K 表示颜色通道数
% 统计每个像素值出现次数
mbb = zeros( K, 256 ) ;
for i = 1 : R
for j = 1 : C
for k = 1 : K
mbb( k,  im1( i, j, k )+ 1 )= mbb( k, im1( i, j, k )+ 1 )+ 1 ;
end
end
end
f = zeros( 3, 256 ) ;
f = double( f ) ; mbb = double( mbb ) ;
% 统计每个像素值出现的概率，得到概率直方图
for k = 1 : K
for i = 1 : 256
g( k, i )= mbb( k, i )/( R * C ) ;
end
end
% 求累计概率，得到累计直方图
for k = 1 : K
for i = 2 : 256
g( k, i )= g( k, i - 1 )+ g( k, i ) ;
end
end
% 用 g 数组实现像素值 [0, 255] 的映射
for k = 1 : K
for i = 1 : 256
g( k, i )= g( k, i )* 255 ;
end
end
% 完成每个像素点的映射
for i = 1 : R
```

```
for j = 1 : C
for k = 1 : K
im1( i, j, k )= g( k, im1( i, j, k )+ 1 );
end
end
end
% 转换整数，为最终图像
im2 = uint8( im1 );
```

图 5-11 为经过该方法进行彩色图像直方图均衡化后，原始图像的分通道直方图和均衡化图像分通道直方图的对比。可见，该方法在对 R，G，B 通道进行均衡化处理的同时，保留了原来直方图的形状，性能较佳。

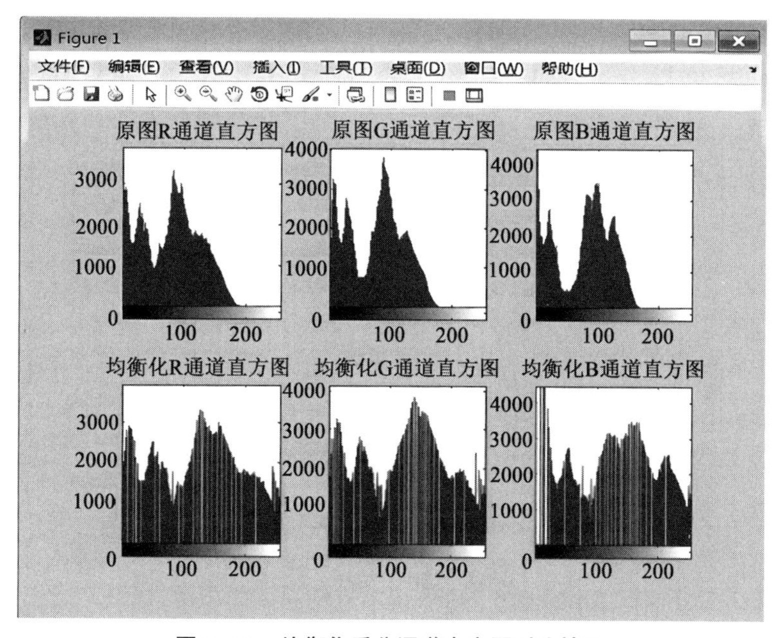

图 5-11　均衡化后分通道直方图对比情况

（二）图像平滑处理模块设计

1. 界面设计

图像平滑处理模块的界面设计中由 3 个轴组件和 3 个命令面板等组成。3 个轴组件分别装载原始图像、噪声图像、处理后图像；3 个控制面板分别为选择图像与噪声类型面板、空域滤波面板和频域滤波面板。在噪声类型选择中，可以通过弹出式菜单选择高斯噪声、椒盐噪声和乘性噪声，还可以通过滑块组件选择噪声的均值和方差；空域滤波平滑处理面板中，可以选择维纳滤波、邻域平均滤波、中值滤波的方法，每种方法都可以选择不同的滤波模板；频域滤波平滑处理面板中，则可以选择巴特斯沃低通滤波和高斯低通滤波的方法，并且可以选择其截止频率。

2. 功能实现

（1）添加噪声功能实现。噪声类型的弹出式菜单组件名称为 zslx，均差滑块组件的名称为 zsjz，方差滑块组件的名称为 zsfc，实现将原始图像 im1 添加噪声生成 im2 图像的主要程序为：

```
global zslx ; % 噪声类型
global im1 ; % 原始图像
global zsjz ; % 噪声均值
global zsfc ; % 原始方差
global im2 ; % 噪声图像
zslx=get( handles.szs, ’ value’ ) ;
switch( zslx )% 噪声类型
case 1
im2=imnoise( im1, ’ gaussian’, zsjz, zsfc ) ; % 对 im1 引入高斯噪声
case 2
im2=imnoise( im1, ’ salt & pepper’, zsfc ) ; % 对 im1 引入椒盐噪声
case 3
im2=imnoise( im1, ’ speckle’, zsfc ) ; % 对 im1 引入乘性噪声
end
```

（2）各种空间域平滑滤波的实现。维纳滤波平滑处理的实现。维纳滤波的模板选择组件为弹出式菜单组件，名称为 wn，对噪声图像 im2 进行维纳滤波去噪，生成效果图像为 im3。维纳滤波模板可以选择 3×3、5×5、7×7、9×9 四种模板，主要程序为：

```
global im2 ; % 噪声图像
global im3 ; % 去噪图像
wn=get( handles.wnlb, ’ value’ ) ; % 取出对维纳滤波模板的选择
switch( wn )% 维纳滤波模板
case 1
im3=wiener2( im2, [3, 3] ) ; %3*3 模板
case 2
im3=wiener2( im2, [5, 5] ) ; %5*5 模板
……
end
```

邻域平均法滤波平滑处理的实现。邻域平均法的模板选择组件为弹出式菜单组件，名称为 lv，对噪声图像 im2 进行邻域平均法滤波去噪，生成效果图像为 im3。邻域平均法滤波模板同样可以选择 3×3、5×5、7×7、9×9 四种模板，主要程序为：

```
global im2；% 噪声图像
global im3；% 去噪图像
ly=get( handles.lylb，' value' )；% 取出对邻域滤波模板的选择
switch( ly )
case 1
im3=filter2( fspecial( 'average'， 3 )， im2 )；%3*3 模板
case 2
im3=filter2( fspecial( 'average'， 5 )， im2 )；%5*5 模板
……
end
```

中值滤波平滑处理的实现。中值滤波的模板选择组件为弹出式菜单组件，名称为 zz，对噪声图像 im2 进行中值滤波去噪，生成效果图像为 im3，中值滤波模板同样可以选择 3×3、5×5、7×7、9×9 四种模板，主要程序为：

```
global im2；% 噪声图像
global im3；% 去噪图像
zz=get( handles.zzlb，' value' )；% 取出对中值滤波模板的选择
switch( zz )
case 1
im3=medfilt2( im2， [3， 3] )；%3*3 模板
case 2
im3=medfilt2( im2， [5， 5] )；%5*5 模板
……
end
```

（3）各种频率域低通滤波的实现。巴特沃斯低通滤波平滑处理的实现。巴特沃斯低通滤波器的截止频率 D0 的选择组件为弹出式菜单组件，名称为 bt，其中系统中 dt 可以选择 15、30、80 几种截止频率。对噪声图像 im2 进行巴特沃斯低通滤波去噪，生成效果图像 im3 的主要程序为：

```
global im2；% 噪声图像
global im3；% 去噪图像
im3=fftshift( fft2( im2 ) )；% 傅里叶变换到频率域
[M， N]=size( im3 )；
n=2；
bt=get( handles.dtlb，' value' )；% 取出对截止频率的选择
switch( bt )
```

```
case 1
d0=15；
case 2
d0=30；
case 3
d0=80；
end
n1=floor( M/2 )；
n2=floor( N/2 )；
for i=1：M
for j=1：N
d=sqrt( ( i-n1 )^2+( j-n2 )^2 )；
h=1/( 1+( d/d0 )^( 2*n ) )；
im3( i，j )=h*im3( i，j )；
end
end
im3=ifftshift( im3 )；% 傅里叶反变换到空间域
im3=uint8( real( ifft2( im3 ) ) )；
```

高斯低通滤波平滑处理的实现。高斯低通滤波器的截止频率 D0 的选择组件为弹出式菜单组件，名称为 gs，其中系统中 dt 可以选择 15、30、80 几种截止频率。对噪声图像 im2 进行高斯低通滤波去噪，生成效果图像 im3 的主要程序为：

```
global im2；% 噪声图像
global im3；% 去噪图像
gs=get( handles.gslb，' value' )；% 取出对截止频率的选择
I=im2；
% 计算 I 的傅里叶变换
I=fftshift( fft2( I ) )；
[M，N]=size( I )；% 图像行列数
n=2；
n1=floor( M/2 )；% 对 M/2 进行取整
n2=floor( N/2 )；% 对 N/2 进行取整
for i=1：M
for j=1：N
d=sqrt( ( i-n1 )^2+( j-n2 )^2 )；% 点（i，j）到傅里叶变换中心的距离
```

```
h=1*exp( -1/2*( d^2/d0^2 )) ; % 高斯滤波函数
I( i, j )=h*I( i, j ) ; % 高斯滤波后的频域表示
end
end
I=ifftshift( I ) ; % 对 I 进行反傅里叶移动
im3=uint8( real( ifft2( I ))) ;
```

（三）图像锐化处理模块设计

1. 界面设计

图像锐化处理模块可以进行灰度图像锐化和彩色图锐化，其界面设计中由 2 个轴组件和 3 个命令面板等组成。2 个轴组件分别装载原始图像、处理后图像；3 个控制面板分别为选择图像面板、灰度图像锐化面板、彩色图像锐化面板。灰度图像锐化面板中可以选择基于空间域的拉普拉斯算法锐化和 Soble 算子梯度锐化，也可以选择基于频率域的高通滤波器进行锐化，本设计则选用了巴特沃斯高通滤波器和高斯高通滤波器来实现锐化。每种锐化都可以选择其模板参数或者截止频率参数，彩色图像锐化面板含有拉普拉斯锐化法。

2. 功能实现

（1）灰度图像锐化的实现。拉普拉斯算子锐化处理的实现。拉普拉斯算子模板的选择组件为弹出式菜单组件，名称为 lp，对图像 im2 进行拉普拉斯算子锐化处理，生成效果图像 im3 的主要程序为：

```
global im2 ; % 噪声图像
global im3 ; % 去噪图像
im3=fftshift( fft2( im2 )) ; % 傅里叶变换到频率域
[M, N]=size( im3 ) ;
n=2 ;
bt=get( handles.dtlb, ' value' ) ; % 取出对截止频率的选择
switch( bt )
case 1
d0=15 ;
```

Sobel 算子锐化。

```
global im1 ; global im2 ;
f=im2double( im1 ) ;
h1=[-1 -2 -1 ; 0 0 0 ; 1 2 1] ;
h2=[-1 0 1 ; -2 0 2 ; -1 0 1] ;
f1=filter2( h1, f ) ;
```

```
f2=filter2( h2, f );
im2=sqrt( f1.2+f2.2 );
```

高斯高通滤波锐化处理的实现。高斯高通滤波的截止频率选择组件为弹出式菜单组件，名称为 gs，对图像 im2 进行高斯高通滤波锐化处理，生成效果图像 im3 的主要程序为：

```
global im1 ; global im2 ;
gs=get( handles.gslb, 'value' ); % 取出截止频率值
switch( gs )% 高斯模板
case 1
d0=450 ;
case 2
d0=1800 ;
case 3
d0=12800 ;
end
f=double( im1 );
[m, n] =size( f );
for x=1 : m
for y=1 : n
f( x, y )=f( x, y )*(( -1 )^( x+y ));
end
end
f1=fft2( f );
for x=1 : m
for y=1 : n
D( x, y )=sqrt(( x-m/2 )^2+( y-n/2 )^2 );
h1( x, y )=1-exp( -D( x, y )^2/d0 );
end
end
for x=1 : m
for y=1 : n
f2( x, y )=f1( x, y )*h1( x, y );
end
end
f3=ifft2( f2 );
```

```
r1=real( f3 );
for x=1 : m
for y=1 : n
im2( x, y )=r1( x, y )*( -1 )^( x+y );
end
end
```

（2）彩色图像锐化实现。由于拉普拉斯算子锐化法相比其他锐化方法最能保留原始图像的信息，因此彩色图像锐化采用将图像各通道分别进行拉普拉斯算子滤波，然后整合的方法。主要程序如下：

通道拆分与合并。

```
global im1 ; global im2 ; global hcs ;
cslp=get( handles.csmb1,' value' ); % 取出模板值
switch( cslp )% 拉普拉斯锐化模板
case 1
hcs=[0 1 0 ; 1 -4 1 ; 0 1 0] ;
case 2
hcs=[1 0 1 ; 0 -4 0 ; 1 0 1] ;
case 3
hcs=[1 1 1 ; 1 -8 1 ; 1 1 1] ;
end
% 通道拆分
R=im1( : 1 );
G=im1( : 2 );
B=im1( : 3 );
% 调用 gg 函数进行分通道滤波
R1=gg2( R );
G1=gg2( G );
B1=gg2( B );
% 通道合并
im2=cat( 3, R1, G1, B1 );
```

单通道滤波。

```
function f3=gg2( f )% 分通道滤波
global hcs ;
f=im2double( f );
```

```
f1=filter2( hcs, f ); % 使用 hcs 模板进行拉普拉斯滤波
[m, n]=size( f1 );
for i=1 : m
for j=1 : n
f2( i, j )=( f1( i, j )+255 )/2 ;
end
end
f3=f-f1 ;
end
```

（四）时频域结合的灰度图像增强处理模块设计

时频域结合的灰度图像增强处理模块由 5 个轴组件和 2 个命令面板等组成。5 个轴组件分别装载原始图像、噪声图像、低通滤波平滑处理图像、空域滤波锐化图形、效果图像；2 个控制面板分别为选择图像与噪声面板和处理面板。通过处理面板可以分步实现图像增强，并观察其每一步的效果。

但是，并不是所有的图像都适合低通滤波平滑—拉普拉斯算子锐化—直方图均衡化这三部增强法，经过高斯低通滤波后的图像已经较好地去除了噪声污染，而经过空域锐化后噪声污染有所显现，最后经过直方图均衡化后颗粒噪声显示则更加明显，因此，对于图像纹理细节较少、背景与物体分界明显、图像灰度级个数较少的图像并不适合时频域相结合的增强处理方法；而对于比较复杂、灰度级个数较多、本身有些模糊的图像比较适合用这种时频结合的图像增强法加以处理。

四、数字图像增强技术应用案例

建筑外墙具有保温、分隔、围护等功能，随着一些地区外墙外保温技术的推广，有关单位或部门需要评定墙体保温效果、了解施工质量情况，而作为非接触式、感温测量技术，红外影像能远距离显示目标物的温度场并得出目视无法看到的影像，为外墙施工质量及保温效果评定提供依据，因此红外热像技术得到了较为广泛的应用。

（一）红外影像的特点

可见光图像是物体表面对光线选择性反射的结果，而红外影像的形成经过复杂的光电转换、处理等过程（图 5-12），因此红外影像具有以下不同于自然光影像的特殊性。

红外热图像是温度分布的灰度图，像素丰富但肉眼分辨率很低，其清晰度低于可见光图像（图 5-13）；

红外影像空间相关性强，对比度低，视觉效果模糊；

由于外界环境的随机干扰和热成像系统并不完善，红外图像信息中夹带多种多样的噪声，如热噪声、散粒噪声等；

受红外探测器中各像素的响应特性不一致、光机扫描系统缺陷等影响，红外图像有

显著的非均匀性。

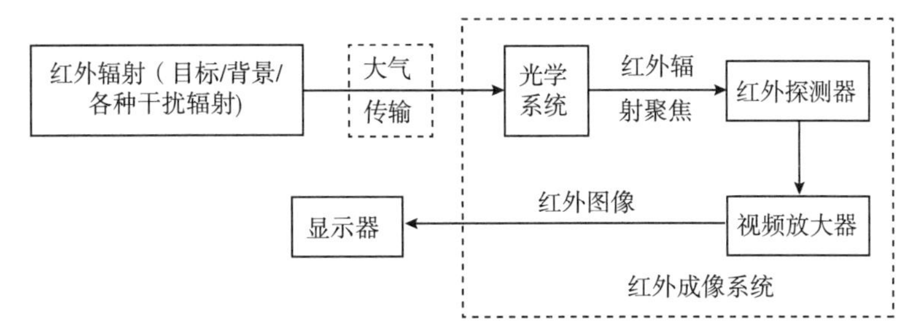

图 5-12　红外热成像系统原理

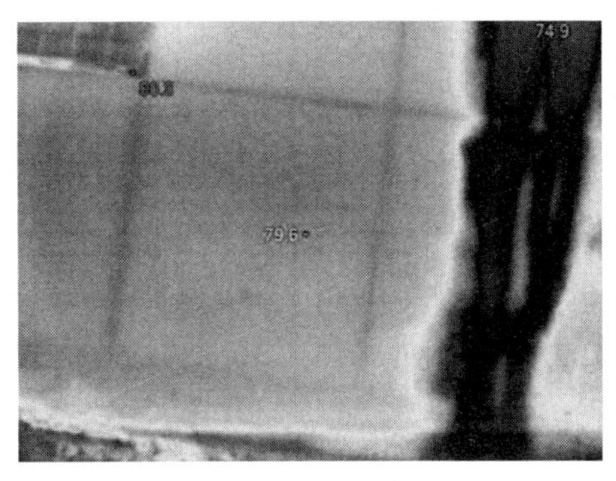

（a）红外影像分辨率低

（b）可见光图像分辨率高

图 5-13　红外图像与可见光图像对比

（二）计算机数字图像处理

1. 数字图像处理

数字图像处理是将图像信号转换成数字信号并利用计算机对其进行去除噪声、增强、复原、分割、提取特征等处理的过程，其目的包括以下 3 个方面。

第一，提高图像的视感质量，如进行图像的亮度、彩色变换，增强、抑制某些成分，对图像进行几何变换等，以改善图像质量。

第二，提取图像中包含的某些特征或特殊信息，如频域特征、灰度或颜色特征、边界特征、区域特征、纹理特征、形状特征、拓扑特征和关系结构等。

第三，进行图像数据的变换、编码和压缩，以方便图像存储和传输。数字图像处理方法很多，实践表明，作为众多手段中的一种，图像增强技术在红外影像识别中的应用效果较为显著。

2. 图像增强

图像增强即增强图像中的有用信息，其目的是改善图像的视觉效果。针对给定图像的应用场合，有目的地强调图像的整体或局部特性，使原来不清晰的图像变得清晰或扩大图像中不同物体特征之间的差别，更加突出目标物的特征，以满足分析的需要。图像增强的方法有很多，如非均匀化、去噪等，采用强化图像高频分量，可使图像中的物体轮廓清晰，细节明显；强化低频分量可减少图像中的噪声影响。

（三）影像增强技术的应用实例

1. 二值化处理

图像的二值化处理是将其他格式的影像转化成有黑白效果图像的过程；二值化除能使图像变得简单及减小数据量外，还能增强反差，凸显目标物的特征，本研究将图像二值划归为影像增强技术中的一种。

在理论上，图像灰度值设置于 0 ~ 256 个等级范围内，因此可通过适当的阈值，选取能获得可反映图像整体和突出局部特征的二值化图像，其中，阈值的选取至关重要，因为所有灰度大于或等于阈值的像素灰度值为 255，反之则为 0。只要根据施工、材料、环境条件等因素综合设定目标灰度值，就能将背景排除在目标区域以外，从而达到识别目标的目的。

如某建筑外墙面雨后常印湿痕且经久不干（图 5-14）；由于检测时环境温度低，红外影像显示墙面温差不明显并由此引发争议（图 5-14）。采用增加温差的方法虽可进行局部问题印证，但仍难以圈定质量问题范围。经对图像设定阈值进行二值化处理后（图 5-15），不但圈定了原目标的质量问题，而且清晰地显示了目测难以确定的隐患范围，使问题和隐患得以发现并彻底解决。

（a）可见光影像

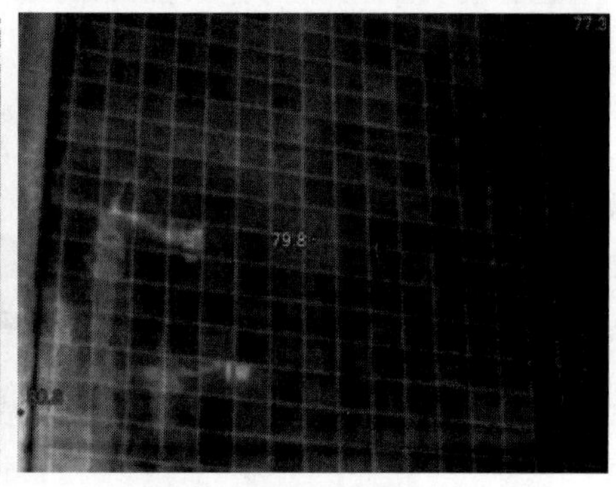

（b）红外热成像

图 5-14　红外及可见光影像

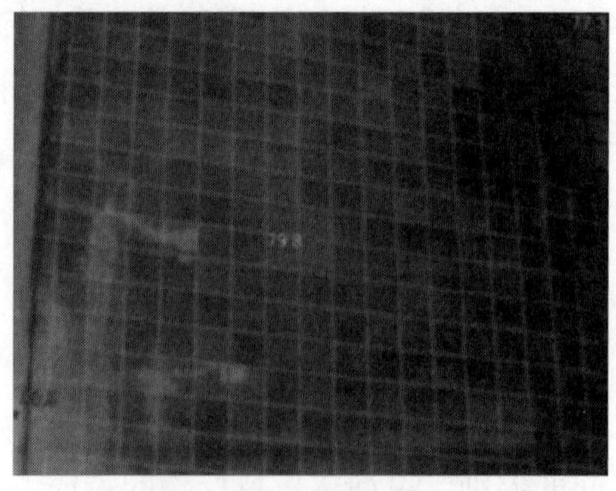

图 5-15　图像处理过程

2. 图形边界提取

当墙体局部潮湿时，因材料含水不同墙面常出现一个浸润范围（衡量参数为面积大小和深浅变化），合理圈定该范围并及时加以处理，可避免后期如霉变、脱落等更大质量问题的发生。红外热像仪温度分辨率很高，比目视更易于感知这一范围；同时，由于温度分布是灰度图像，因此通过影像处理可更精确地获得浸润影响范围。

某建筑外墙饰面观感合格（图 5-16），但内墙有非常不明显的湿痕，根据经验判断主要是材料含水率不同所致。采用增温措施并给予一段时间的散热，然后采集热红外影像，由于水的比热容大，红外影像很快显示出墙体的质量问题。根据水在材料中浸润及扩散的特点（基层潮湿后表层才会出现持久的湿痕），采用“最小平均值”取值法对潮湿墙体边缘特征进行分析提取，可较为精确地确定问题墙体边界并算出其面积。分析时应注意平面网格与墙面的面积换算，即注意成像拍摄角度（图 5-16）。

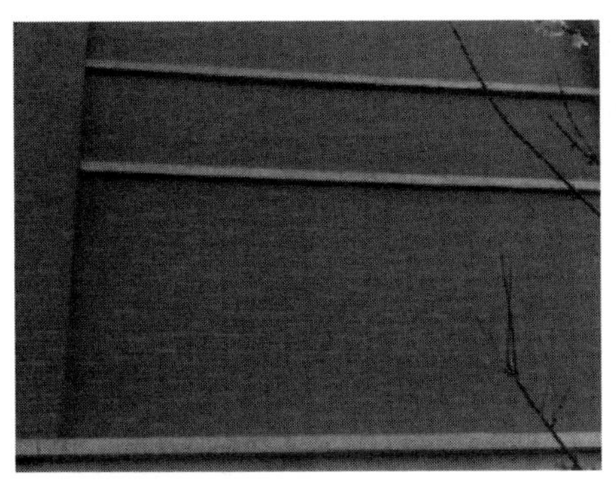

（a）可见光图像

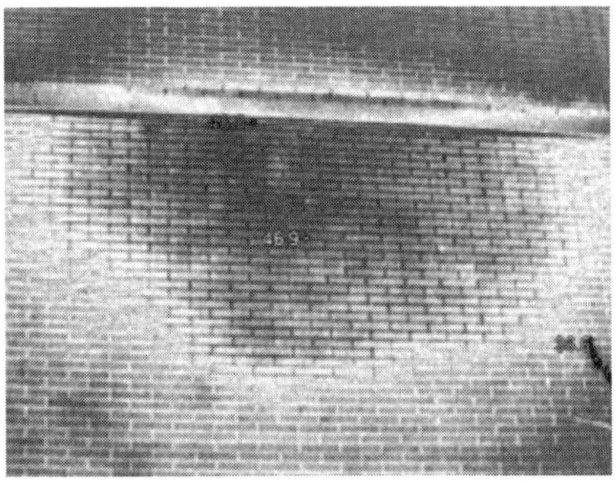

（b）红外热影像

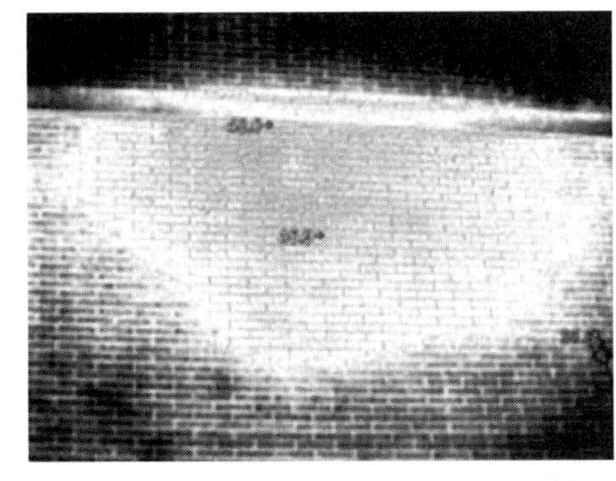

（c）边界确定处理过程

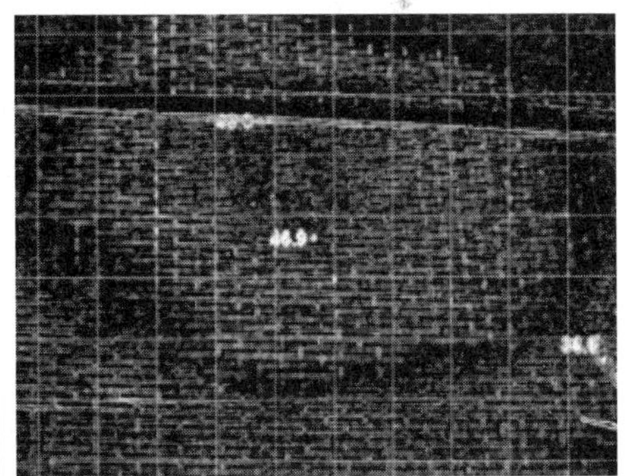

（d）边界确定及面积计算

图 5-16　影像增加技术的应用

3. 裂纹边缘检测

边缘是物体的轮廓或物体不同表面之间的交界，其强调的是两种不同物质的接触，并以此区别于上节中的边界。边缘有方向和幅度两个特性，通常沿边缘走向的灰度变化较为平缓，而垂直于边缘方向的灰度变化较为剧烈。这一特性在裂缝较宽时表现非常明显，但对细小裂纹，特别是裂纹出现在目视无法涉及的基底层时常引发争议，由于采用边缘检测能提取重要的属性特征，可使裂纹问题得到认同。

例如，某建筑外墙可见光影像没有任何问题，但不同温度标尺下红外影像墙体均显示某处基底层有裂纹存在（图 5-17）。由于二值化处理方法不能区别背景与目标，反而会掩盖影像细小的边缘信息，因此基底质量问题曾引发几方的极大争议。采用彩色增强技术增强边缘细节，则突出了裂纹走向信息（与上部的梁、墙面饰缝具同样显著走向特征），使墙体基层瑕疵得以确认，并进行及时修理，避免了日后因雨水渗入演变成大的质量问题（图 5-18）。

作为一种非接触式测量技术，红外热成像能直观显示目标物及背景空间的温度场分布特点，在建筑外墙质量及节能评价中有很高的应用价值。

在有细微质量问题的墙体红外灰度图中，目标点的像素值或多或少会融入周边一定范围内物体的亮度时，其分辨率会变低，此时采用有针对性的图像增强处理能突出图像中靶目标的信息，同时弱化噪声信息的干扰，增强识别精度。

目前，图像增强的手段有很多，不同的方法都有其适用条件，因此识别精度存在很大差别。在实践中逐步积累经验，可为利用计算机图像处理技术在建筑细微质量识别方面开拓新的领域。

（a）低温标下红外影像

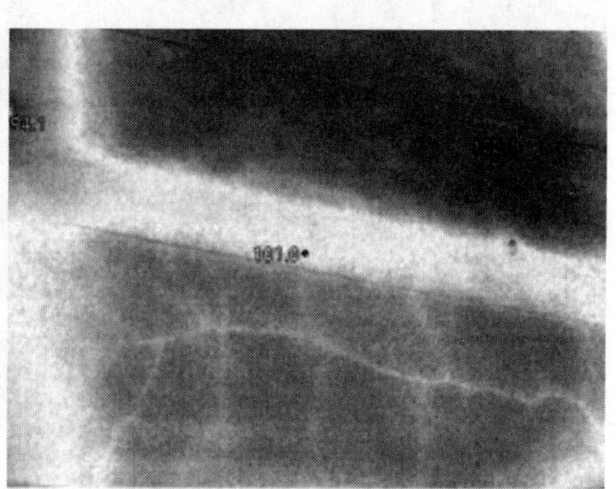

（b）高温标下红外影像

图 5-17　不同温标下的红外影像

（a）二值化处理掩盖了裂纹

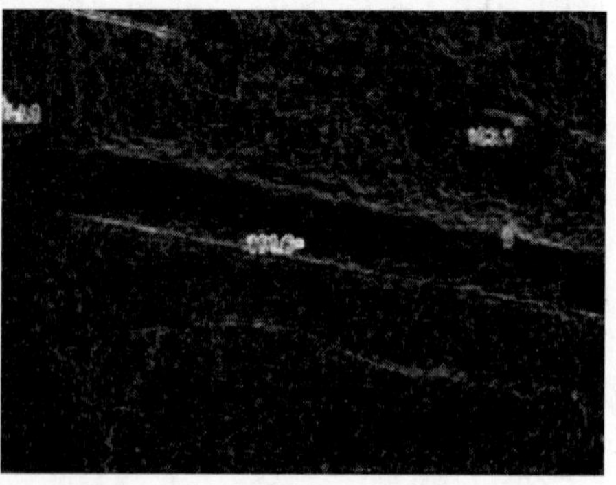

（b）彩色增强后边缘走向清晰

图 5-18　影像处理效果对比

第六章　图像复原技术及应用

第一节　图像复原技术的概述

一、图像复原技术的概述

（一）图像复原主要研究内容及意义

图像复原主要研究的内容：图像复原是图像处理的一个重要研究领域，就是要将图像退化的过程模型化，并据此采取相反的过程以得到原始的图像，书中主要采用线性位移不变系统的原理（逆滤波法）进行改造图像的真实感。图像复原目的是提高图像的质量，如去除噪声、提高图像的清晰度等。可使图像中物体轮廓清晰，细节明显；如强化低频分量可减少图像中的噪声影响。图像复原要求对图像降质的原因有一定的了解，一般讲应根据降质过程建立“降质模型”，再采用逆滤波法，来恢复或重建原来的图像。长期以来，人们已付出许多努力，设法利用一般大家比较熟悉它在视觉方面的增强作用，像图像编辑软件功能（Adobe Photoshop CS）在提高图像的视觉效果方面十分优秀。

（二）图像退化现象、原因及恢复

图像退化现象：图像模糊、失真、噪声等。

图像退化原因：

（1）成像系统的像差、畸变、有限带宽等造成的图像失真。

（2）射线辐射、大气湍流等造成的照片畸变。

（3）镜头聚焦不准产生的散焦模糊。大气湍流效应、光学系统的绕射、光学系统的像差、成像设备与物体的相对运动、传感器特性的非线性、感光胶卷的非线性和胶片颗粒噪声、摄像扫描所引起的几何失真等。

（4）携带遥感仪器的飞机或卫星运动的不稳定以及地球自转等因素引起的照片几何失真。

（5）模拟图像在数字化过程中，由于会损失部分细节，因而造成图像质量下降。

（6）拍摄时，相机与景物之间的相对运动产生的运动模糊。

（7）底片感光、图像显示时会造成记录显示失真。

（8）成像系统中始终存在的噪声干扰。

图像恢复：明确图像退化原因，建立数学模型，沿逆过程恢复图像；其主要方法有代数方法恢复、运动模糊恢复、逆滤波恢复、Wiener 滤波恢复、功率谱均衡恢复、约束最小平方恢复、最大后验恢复、最大熵恢复、几何失真恢复。

（三）图像复原基本思路

图 6-1 为图像复原基本思路。

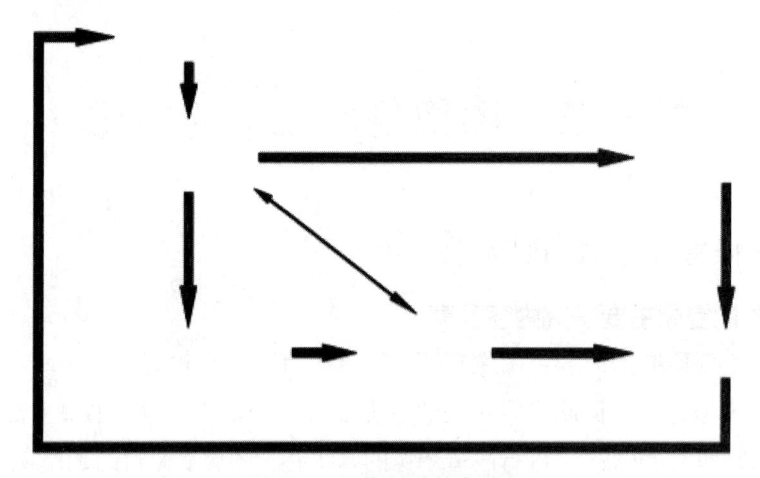

图 6-1　图像复原基本思路

（四）图像复原流程

对图像复原模型的了解可能有助于我们针对性地设计算法，图像复原研究从感性思维方面，可以理解为根据图像信息，结合已了解的图像退化的缘由，反推出真实图像的信息。可以使用如图 6-2 所示的流程图来模拟整个过程。

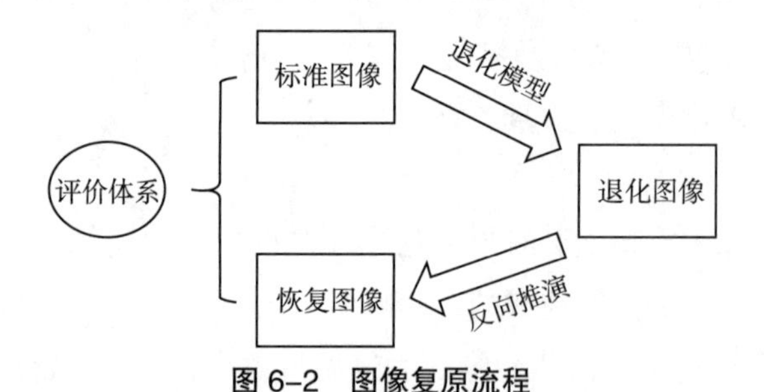

图 6-2　图像复原流程

如图 6-2 所示，图像复原任务就是研究标准图像退化原因，并建立模型，再逆向推理来恢复图像，最后采用评价体系评判算法的好坏。对于不同的图像复原任务，有不同的退化模型，一般可分为连续函数的退化模型和离散函数的退化模型。

二、卷积神经网络基础理论

卷积神经网络一般包括输入层、卷积层、池化层、激活函数层和全连接层，如图 6-3 所示。卷积神经网络区别于其他传统神经网络主要是因为稀疏连接和权重共享两个特点。

稀疏连接带来的好处就是让模型有更好的表征力，并且不需要手动选择或设计特征，权重共享使得卷积神经网络能处理高维数据，降低了网络的复杂性。这些特点使得卷积神经网络非常适合处理图像相关任务。在图像复原的任务里面，本书也是采用的卷积神经网络进行处理。

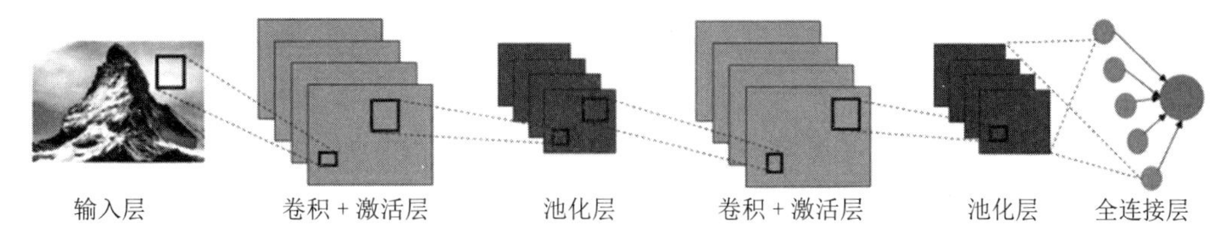

图 6-3　卷积神经网络模型示例图

（一）激活函数

在神经元模型中，如果没有激活函数 f，那么剩余部分组成的就是一个线性模型。很显然，仅依靠线性模型难以解决现实生活中的绝大多数问题。而人脑的处理机制也并非一种线性关系。因此，引入激活函数的最初目的是增加模型的非线性，使得神经网络模型可以逼近任意的非线性函数，增强模型的泛化能力。

第一种是 sigmoid 函数。它来源于统计学，模型非常简单，并且在机器学习的很多模型中表现优异。sigmoid 在坐标轴上的图像曲线形似一个 S 曲线，值域在 [0，1] 之间。神经网络很长一段时间就是选用 sigmoid 作为激活函数，因为其有易求导、稳定等优点。不管在大小数据集上，只要经过较长时间的训练学习，都能取得不错的结果。但是，也有不足的地方，由于函数的输出都是正值，导致权重更新的速度变慢，并且在神经网络的反向传播过程中，远离原点坐标的值趋于稳定，易产生梯度消失的问题。

第二种激活函数是双曲正切函数。双曲正切函数也是常用的激活函数之一，它的曲线图也是 S 形，值域在 [－1，1] 之间，双曲函数更加适用于特征区分度很好的情况，在不断迭代中能扩大这种区分度。对于特征之间相差不多或区别不明显时，sigmoid 的效果会更好。由于双曲正切函数也是 S 曲线之一，在训练时同样会产生梯度弥漫的情况，不利于模型优化。

第三种是现在常用的线性整流激活函数 ReLU。它的提出主要是为了缓解 sigmoid 函数所带来的梯度弥散问题。在实验中发现，经过 ReLU 处理的数据具有非常好的稀疏性，并且能降低计算量，加速模型训练，由于其函数表达式的特点，求出来的梯度是常数，有助于网络收敛。不过也有缺点，在曲线图里，左半部分均为 0，导致在训练时会出现神经元“死亡”的现象。在实验中发现，当学习率很大时，极易出现神经元“死亡”现象。设置一个较小的学习率，能降低神经元的“死亡率”。

第四种要介绍的激活函数是基于 ReLU 的改进。图 6-4 给出了四种激活函数的图像曲线。从图中可以清楚地观察到，S 形的曲线，越往横坐标的两端走，越容易出现梯度消失的情况，而线性分段函数则不会出现这种情况。

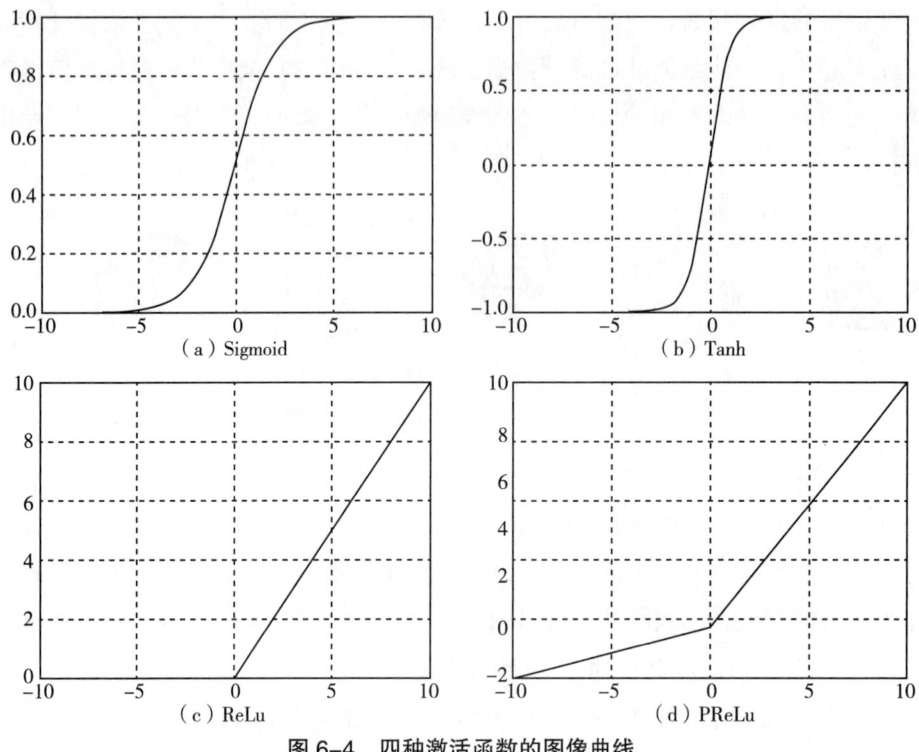

图 6–4　四种激活函数的图像曲线

（二）卷积类型分类

卷积层是卷积神经网络里面用于完成提取图像特征等任务的一层。使用多个卷积核，通过设定卷积核大小、步长、通道等参数，对输入进行不同层次的特征提取。卷积核中的参数是通过反向传播算法更新得到。

首先，介绍一下，卷积核中常用的一些参数。卷积核大小定义了卷积的感受野，通常设定大小为 3×3。卷积核步长定义了卷积滑动的长度，默认是 1，如果设定为 2 则可以实现类似下采样的功能。边缘填充，适用于在卷积时填充图像边界，保证输入输出大小一致。上述参数的不同设定，可以带来不同的卷积方式，也会有不同效果。

第一种卷积方式是普通卷积，如图 6–5 所示。图示是一个 3×3 的卷积核对下层蓝色图像进行卷积，然后输出上层的绿色图像。其中包含图像填充等过程。卷积层是用于提取图像的特征，每一层提取的特征是不同的，随着网络的加深，逐渐由浅层到深层。

第二种卷积方式是扩张卷积，又称为带孔卷积或者空洞卷积（DilatedConvolution），如图 6–5 所示。在使用扩张卷积时，一般会设定一个称作扩张率（DilatedRate）的参数。该参数是用于定义卷积核内参数间的行和列间隔的数量。图 6–6 所示的过程是一个卷积核为 3×3，扩展率为 2 的卷积过程。由于没有进行额外填充，所以输出图像比输入图像小。那么采用扩张卷积有什么好处呢？根据图 6–6 可以发现，扩张卷积地感受野等同于一个 5×5 的卷积核，但参数量还是 3×3 的参数量。所以，它能在参数量不变的情况下获得更大的感受野。由于一般地卷积神经网络有内部数据结构易丢失，小物体信息无法重建等缺点，

包括池化层过多带来的细节信息丢失过多，引入扩张卷积能在一定程度上解决这个问题。

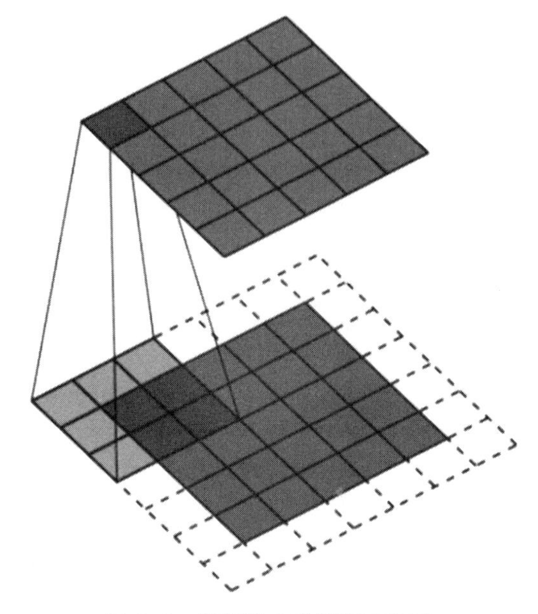

图 6-5　普通的 2 维卷积过程图

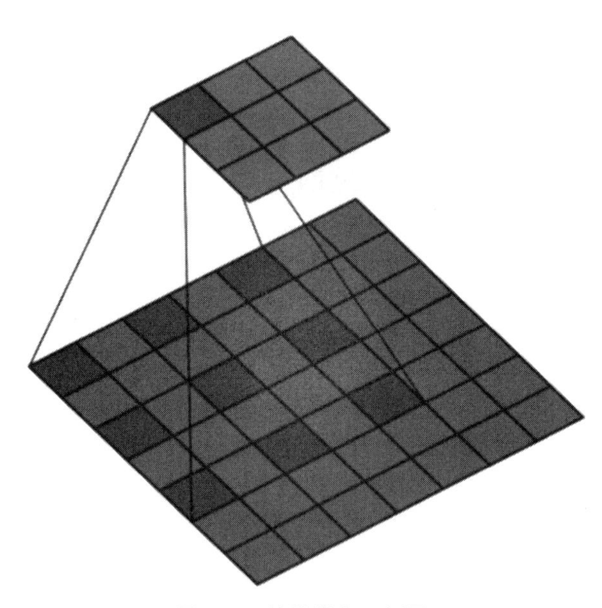

图 6-6　扩张卷积示例图

第三种卷积方式是转置卷积，也称为反卷积（Deconvolution）。反卷积的叫法主要是英译过来的，严格来讲，反卷积是不准确的，真正的反卷积在深度学习中并不常见，它是卷积层在数学上的逆过程。而一个转置地卷积在某种程度效果是类似的。它能产生跟使用反卷积后相同的分辨率，不同的是，在卷积核数值上的操作，转置卷积采用的依然是常规的卷积。可通过一个例子来了解转置卷积，如图 6-7 所示。将一张 5×5 的图像输入卷积层，经过 3×3，步长为 2 的卷积核，在无填充的情况下，输出图像是 2×2，如图 6-7

左图所示。在使用转置卷积时，通常会执行一些特别的填充，重新构造之前的空间分辨率，并进行卷积运算。这有点类似于编码解码的架构，但其并不是数学上的逆过程，如图 6-7 右图所示。

第四种卷积方式是可分离卷积。在一个可分离的卷积核中，我们一般是把一个卷积拆分成多步进行，以二维卷积为例。可将一个二维卷积的过程拆分成 x 方向和 y 方向上的一维卷积。图 6-8 所示是以 Sobel 算子为例。在得到相同的二维滤波效果时，分离方法仅需要 6 个参数，而不是 9 个参数，这可以减少 1/3 的计算量。在神经网络中，为了减少网络参数，加速网络运算，通常使用的是一种称为深度可分离的卷积。最先是 Howard 等人在一种移动端的网络（MobileNet）模型上使用，它将传统的卷积层通过两层的卷积操作实现了同样的效果。这样做能在不降低准确率的情况下，在移动端实现图像检测任务大幅度的计算加速。

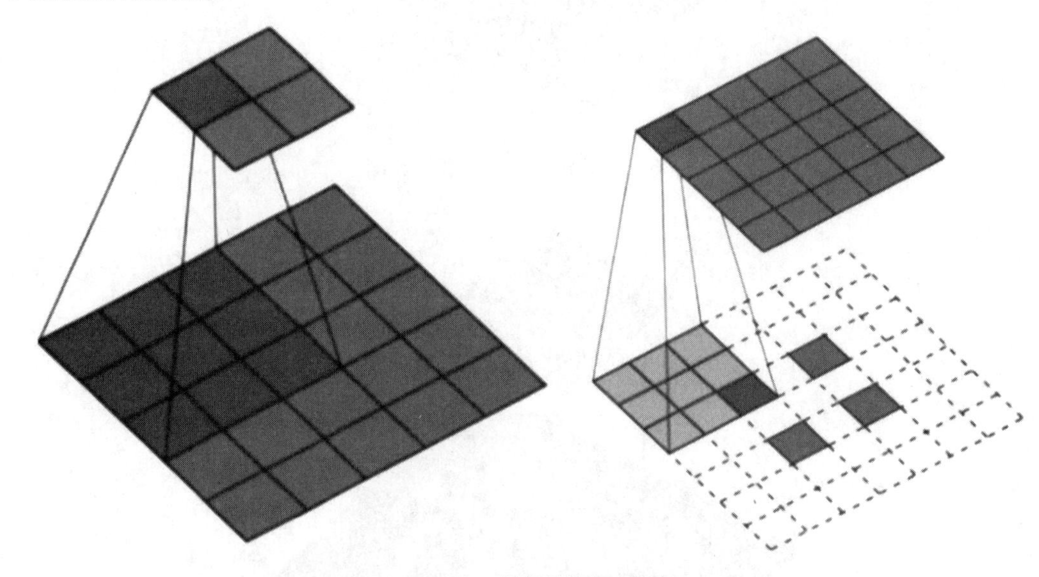

图 6-7　转置卷积示例图

-1	0	+1
-2	0	+2
-1	0	+1

x filter

+1	+2	+1
0	0	0
-1	-2	-1

y filter

图 6-8　Sobel 算子分离卷积示意图

第二节 图像复原的关键技术逆滤波复原

一、逆滤波法

在图像获取、传输、存储过程中，由于受到光学系统的像差、成像设备与物体的相对运动、感光胶卷的非线性等多种因素的干扰，都难免会造成图像的变形和失真。通常情况下，称这些因素引起图像质量下降为图像退化。因此，想要得到高质量的图像，在大多数情况下，都需要对退化图像进行图像复原。图像复原是根据图像退化的先验知识建立一个退化模型，以此模型为基础，采用各种逆退化处理方法进行复原，使复原后的图像与原始图像尽可能地逼近，使图像质量得以改善。

（一）图像退化模型

图像复原是利用退化现象的某种先验知识，对已经退化的图像进行复原，使其更接近原始图像。因此，实现图像复原的关键在于弄清退化的原因，建立相应退化图像的数学模型，并沿着图像质量降低的逆过程对图像进行复原，因为使图像退化的原因很多，通常采用统一的数学模型对其过程进行描述。

（二）逆滤波复原方法

逆滤波也称为反向逆滤波，其主要过程是首先将要处理的图像从空间域转换到傅里叶频率域中，进行反向滤波后再由频域转回到空间域，从而得到复原的图像信息。

（三）振铃效应处理

在逆卷积复原图像的过程中，每个像素都需要得到相邻像素的信息才能得到复原，但由于图像边缘的像素没有足够的相邻像素可以利用，会导致复原图像的边缘变差，并且整幅图像有明暗相间的条纹，即振铃效应。

因此，在使用逆滤波法复原图像后，复原后的图像会出现鲜明的振铃效应，若不对其进行处理，则会对复原结果造成很大影响。图像平滑的目的是减少图像噪声，在空间域中主要利用邻域平均法和加权平均法来平滑图像。

邻域平均法就是用某一像素点邻近像素的平均值来代替该像素点的值，使邻域中的灰度接近均匀，起到平滑灰度的作用。因此，当图像出现振铃效应时，即复原后的图像边缘像素的灰度与邻近像素的灰度有显著不同时，可采用领域平均法来平滑图像。

加权平均法的基本原理是，一般离模板中心像素近的像素对平滑结果有较大的影响，因此，距离模板中心位置较近的像素要比距离模板中心较远的像素重要，所以接近模板中心的系数可较大，而模板边界附近的系数应较小。加权平均法也能起到平滑灰度的作用，因此，当复原图像出现振铃效应时，也可采用加权平均法改善图像的质量。

（四）图像复原质量评价

在图像复原的研究中，对图像复原质量的评价是一项重要工作。只有具有可靠的图像质量评价方法，才能正确评价图像复原的好坏，评价采用算法的有效性。目前，对复原图像质量的评价方法主要有主观评价和客观评价两大类。图像的主观评价是以人作为图像的观察者，对图像复原的质量进行主观的评价，相对准确，但费时费力，而且受多种因素的影响，实时性、稳定性较差。图像的客观评价是依据数学模型给出的量化指标或参数衡量图像的质量，稳定性强，可靠性高。

二、图像去噪方法

对于图像去噪任务，由于现实中产生的噪声多属于高斯噪声。常见的去噪算法主要是对加性高斯白噪声（Additive White Gaussian Noise，AWGN）进行处理。产生噪声的原因非常多，比如，信道传输时的干扰，电子仪器的误差等，包括一些其他原因产生的随机噪声，如果可以很好地量化，均可以认为是加性噪声。对于不是加性的噪声，比如，乘性噪声，可通过对数转换或者假设噪声属于这两类之一。接下来详细地介绍两种图像去噪方法，一种是 BM3D，属于基于变换域的去噪算法；另一种是 DnCNN，属于基于深度学习的去噪算法。

（一）BM3D 法

BM3D 是一种非常经典的图像去噪算法，主要是结合了在空域和频域上去噪算法的思想，空域上采用非局部均值（Non-Local Mean，NLM）法计算图像相似块，而频域上则是小波变换域去噪算法。

BM3D 算法总共可以分为基础估计（Step1）和最终估计（Step2）。首先是基础估计，主要有相似块分组、协同滤波和聚合 3 个步骤。相似块分组，如图 6-9 所示，其做法是在噪声图像中选择固定大小的参照块，在其周围进行搜索，寻找若干个差异度最小的块，然后整合成一个三维矩阵。协同滤波是先利用小波变换或 DCT 变换等技术将三维矩阵中二维的块进行变换；然后对另一维进行变换，变换完后利用阈值进行处理，即小于阈值的置为 0；最后，再逆变换回去得到新的图像块。第三步聚合是将变换后的图像再放回原来的位置，每个位置的灰度值是对应位置块的值进行加权平均所得到的。

权重的设定是根据置零的个数和噪声强度。通过上面的操作后会得到去噪图像的初步估计，接下来再次进行估计，步骤和 Step1 基本一致，但是有两个不同的地方，一是在聚合时会得到两个三维数组，即噪声形成的三维矩阵和 Step1 得到的初步估计矩阵。另一个不同之处是协同滤波中使用的是维纳滤波，而并非直接采用硬阈值处理方法。BM3D 的去噪效果是以牺牲算法效率性能为代价，其效果在当时是非常明显的，后来也发展出了其他以 BM3D 为基础的图像复原方法，比如，彩色的去噪方法 CBM3D，图像去模糊方法 IDDBM3D。

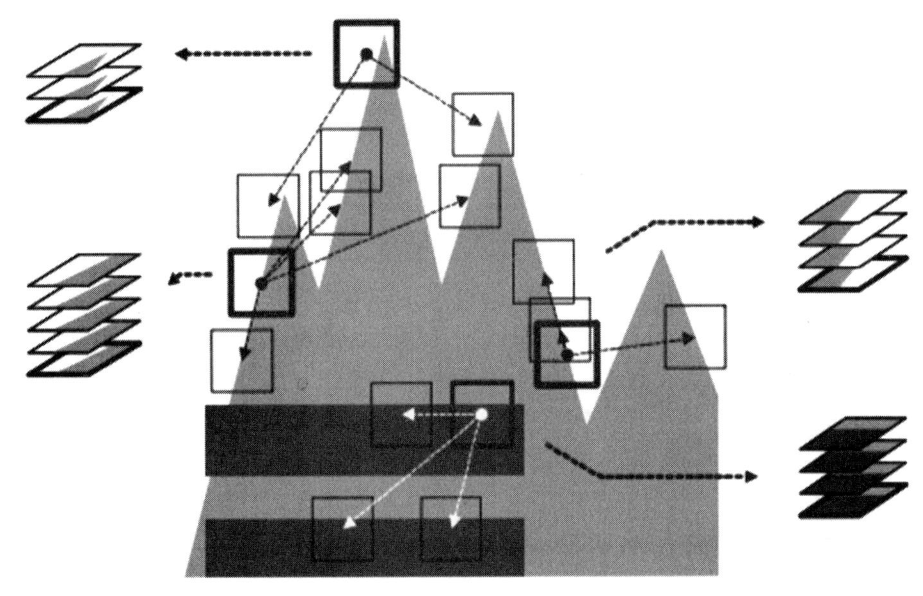

图 6-9　图像相似块分组图示

（二）DnCNN 法

由于我们一般假设噪声是属于加性高斯白噪声，可得该算法的主要思想就是用卷积神经网络去拟合一个不同噪声分布的高斯曲线。由于高斯白噪声属于加性噪声，在进行网络推理时，仅需使用噪声图片减去网络的输出，就能得到去噪后的图片。该去噪网络由 17 层卷积层组成，每个卷积层的大小是 $64 \times 3 \times 3 \times 1$，除去输入和输出层，每层的输入输出均是 64 个特征图。每一个卷积层后面还接着一个 ReLU 激活层和批规范层（Batch Normalization，BN）。网络的第一层是直接在卷积层后面接了一个 ReLU 层，而网络的最后一层，只有卷积层。

三、图像超分辨重构方法

超分辨重构任务是指从一张或多张低分辨率的图像中，重构相应的高分辨率图像。通俗来讲，就是把一张图像由小变大，分辨率从低到高。如图 6-10 所示，看似简单的任务，其实里面大有学问。当图像被放大后，会有更多图像细节被用户看到，如果没有适当的处理，看着反而会更不协调。如图 6-10 所示的是两种方法的示例图，左边是使用最近邻插值方法直接放大的图像，而右边是使用了超分辨重构算法生成的图像。很明显，后者看着更舒服。超分辨重构算法的过程如图 6-11 所示，左边是待重构的图像 LR，右边是重构后的图像 HR。以 2 倍为例，那么 LR 图像的一个像素值 X 就对应于 HR 图像中 X1，X2，X3，X4 这 4 个像素值。常见的超分辨重构算法有基于插值的算法、基于学习的算法和基于深度学习技术的算法等，都是属于针对单张图像超分辨重构的算法。由于深度学习的算法更新速度非常快，而且效果和性能都已经超过传统方法。因此，这里主要介绍两种基于深度学习的超分辨重构算法。

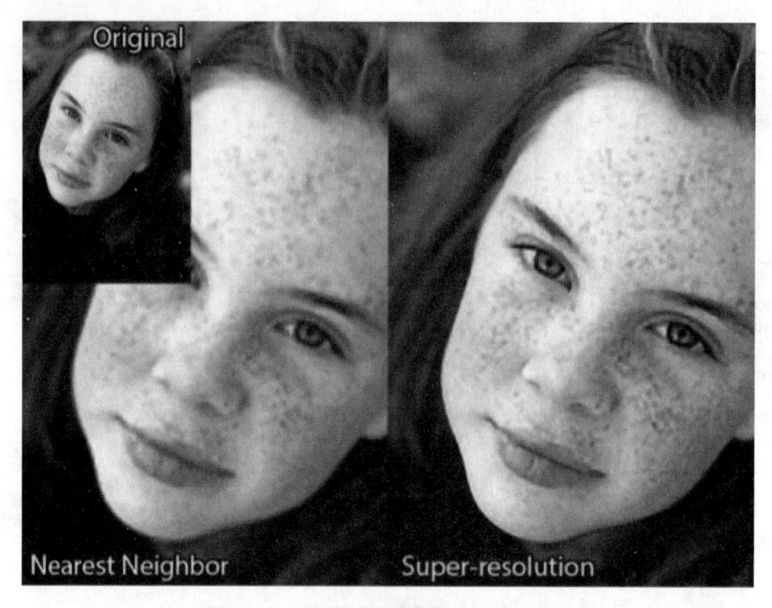

图 6-10　图像超分辨重构任务示例

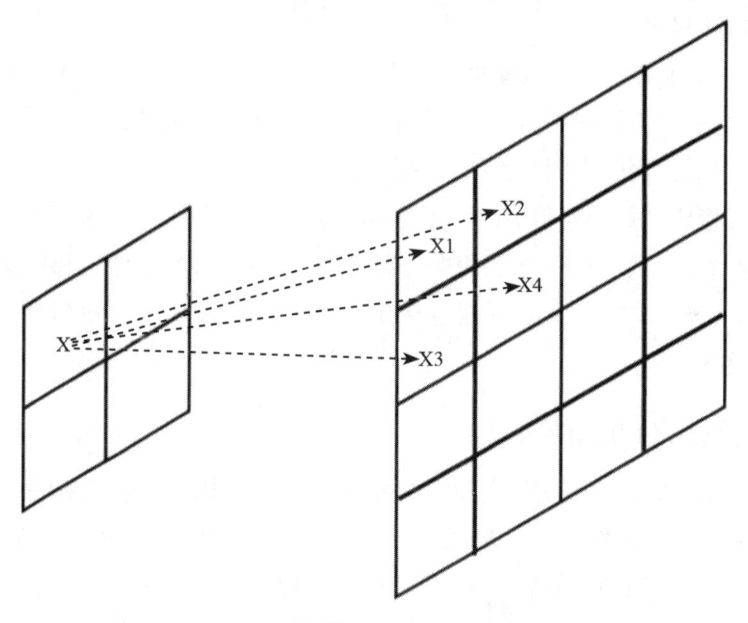

图 6-11　图像超分辨重构过程（2 倍）

（一）VDSR 法

VDSR 是 Kim 等人在 2016 年提出的超分辨重构算法，它的动机是为了解决 SRCNN（Super Resolution Convolutional Neural Network）算法几个明显缺点。如今看来，SRCNN 算法的缺点十分显著，一是网络收敛速度非常慢，二是过于依赖小图像区域的上下文信息，VDSR 针对这两个缺点提供了解决方案。首先增大了感受野，将 11×11 的感受野变成了 41×41，解决了算法过于依赖图像上下文信息的问题。其次是在网络结构中引入了残差学习，并使用极大学习率用于加速网络收敛，网络的模型结构如图 6-12 所示。

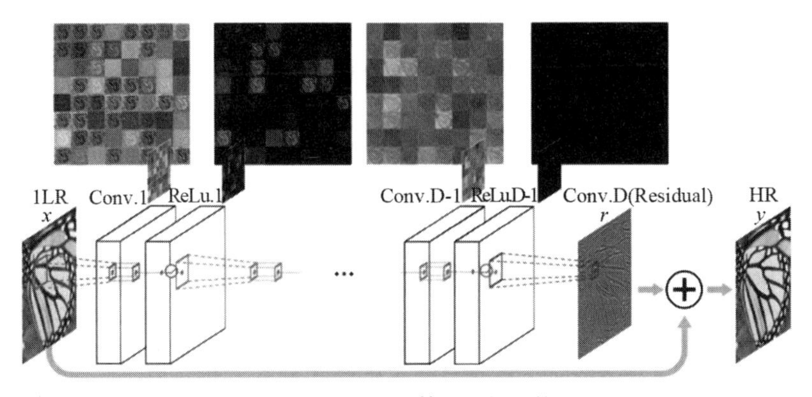

图 6-12　VDSR 算法网络结构图

在训练网络模型时，作者使用了大学习率，对梯度自适应裁剪等策略。在训练样本上，混入不同尺度的图片，可以显著提升单个网络在多尺度任务上的准确率。对于输出图像大小不定的问题，采取了补 0 策略。在进行实验仿真时，作者在多个公共基准测试数据集，与多种算法进行了测试对比，实验结果证明，VDSR 的算法效果能明显优于当时已有的超分辨重构算法。

（二）LapSRN 法

LapSRN 算法是 Lai 等人在 2017 年提出的关于超分辨重构的算法。该算法关注到当时超分辨重构算法存在的 3 个主要问题：一是一开始利用线性插值的方法将输入图片转换到指定尺寸，这会人为增加噪声；二是已有的方法无法产生中间的输出结果；三是在网络采用 L2 损失函数使得重构结构过于平滑，不符合人类视觉。针对这些问题做两个方面的改进：一是提出了级联的金字塔结构，如图 6-13 所示；二是基于级联结构提出了一种改进的损失函数。级联的网络结构有两个分支：一是特征提取分支，二是图像重构分支。

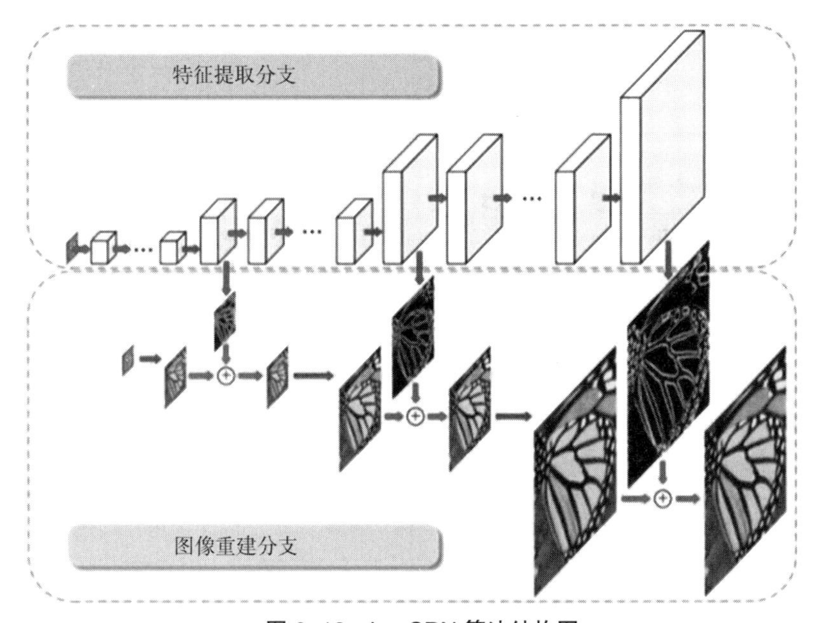

图 6-13　LapSRN 算法结构图

如图 6-13 所示，向下的箭头表示当采样到一定程度时，即将学习到的残差结果输出，得到相对应的重构图像，向右的箭头则表示同时继续上采样。与 VDSR 算法不同，该网络通过逐层学习，能得到不同尺寸下的重构图像。

第三节　图像复原技术的应用

随着我国经济的快速发展，人均汽车持有量不断提高，国内城市交通拥堵严重，交通事故频繁发生，针对以上问题，只是进行道路拓宽或者重建新道路已经于事无补，智能交通系统应运而生。智能交通系统是集各种信息技术——如数据传输技术、电子通信、计算机处理以及电子控制技术等为一体的先进交通管理系统。建立完善的智能交通系统，并将其作用充分发挥出来，能够有效解决交通拥堵问题，同时也提升交通管理工作的效率和交通运行的安全。

一、现阶段智能交通系统中存在的问题

（一）车牌识别难度大

首先，中国车牌由汉字、英文和数字等多种元素交织而成，汉字笔画较多，字符烦琐相似，再加上不同类型的车都有各自不同的车牌颜色，这就增加了车牌识别的难度；其次，由于人为故意遮挡车牌，道路泥泞造成车牌上粘有水、泥等污渍，各种恶劣天气（如雾霾、大雨、大雪等）导致车牌识别影像模糊，难以识别；再次，根据车型职能不同，分为民用、军用、公用和专用车等，这就导致车牌格式繁多，给车牌统一识别造成阻碍；最后，不同地域由于规章制度不同，出现各种不同的车牌悬挂方式，也不利于识别车牌。因此，应当采用先进的数字图像处理技术来提高智能交通系统对带有印刷汉字、字母和数字车牌的识别效率。

（二）车身形状识别难度大

利用智能交通管理系统识别车身形状依然会受到很多因素的影响。比如，第一，我国生产的车辆形状大小不一，车辆在运行过程中的速度不同造成其形状、大小也会发生角度变化；第二，车身形状的准确识别主要取决于车辆自身所处的角度，此外，邻近物体的遮挡（如车辆与车辆之间）、光线的变化也会影响识别车身形状。因此，应当通过数字图像处理技术来提高车辆检测算法中车身形状识别准确度，进而获得更多车辆形状的信息。

（三）车身颜色识别难度大

虽然理论上通过智能交通系统可以很容易识别车身颜色，但在实际生活中利用智能交通管理系统识别车身颜色会受到很多因素的影响，比如，自然因素——天气、光照和

灰尘等，人为因素——我国生产的车有红色、暗红色、银色、淡银色和白色等多种难以区分的颜色，这增加了识别难度。因为室外环境的颜色非恒定性，自然光线照射到具有不同纹理的车身表面后反射的方向不同以及不同的摄像头捕获车身的颜色也不完全相同，若汽车在运行中，识别车身颜色就难上加难。

总的来说，确保车身颜色的恒定性是关键，虽然前人为提高精度已经对摄像头进行调整白平衡和颜色饱和度等，但车身颜色识别难度依然很大，所以，采用先进的图像处理技术来提高车辆颜色识别的精度是解决问题的关键。

二、数字图像处理技术在智能交通系统中的实际运用

智能交通系统涉及很多先进技术，其中，数字图像处理技术的应用最为广泛，在智能交通系统管理中扮有很重要的角色。下面从 6 个方面对数字图像处理技术在智能交通系统中的实际运用进行分析。

（一）交通信息采集

准确有效的交通信息采集有利于智能交通系统及时了解车辆运行状况，提高智能交通系统对交通状况的管理效率。高效交通信息采集技术能时刻对车流量、车速、车型、交通事故及道路拥堵程度等交通信息实施监控、监督，使管理者能够准确及时掌控道路运行状况，并发出指引信号，自动调节车辆运行、疏通道路拥堵的状况、对出现交通事故的路段进行报警等，进而保证交通运行的安全与稳定，提升交通管理工作效率。所以，高效的交通信息采集技术是智能交通系统高效运行的基础。现阶段，随着智能交通信息采集技术的飞速发展，交通信息采集已由传统的“静态人工采集”转变为“动态智能采集”，而且信息采集的方法、模式也越来越多。常用的交通信息采集方法，如雷达测速仪、红外线感应、GPS 测速法等，这些方法都可以获取车辆信息。但是，有些方法需要破坏道路，有些方法则容易受天气的影响，进而不能快捷高效、准确地采集交通信息。与上述常见的交通信息采集方法相比，数字图像处理技术具有准确、高效、全面采集交通信息的优点，正确反映交通运行情况。

此外，数字图像处理技术运用计算机视觉技术提取较清晰的图像，进而准确获得相应范围内的车辆信息（如车速、定位车身位置），并且不需要交警值守现场，只需具备良好的拍摄条件就能自动化采集全面、准确可靠的交通信息，减少人力、物力，提高信息采集效率。

（二）车牌识别系统

车牌识别系统，简单来说，就是可以检测道路上运行车辆的车牌信息（包含汉字、英文、数字和颜色等），并对车牌信息进行识别、分析、处理的技术。系统由三部分构成：图像采集、图像预处理与图像识别。在智能交通系统中进行车牌识别，关键是对图片的处理和识别。但在实际应用中，天气、光线、灰尘以及车速快慢等因素都会影响车牌识

别系统拍摄照片的质量，致使采集到的图像模糊、不清晰、不准确，再加上有很多背景噪声，这不利于识别车牌字符。因此，为提高图像上文字、字母、数字等识别的准确度，必须利用数字图像处理技术对图像进行灰度化、校正和分割等一系列预处理，保证在提高图像的质量后再去识别，进而提高车牌识别系统对车牌识别的效率。由于我国车辆较多以及车牌格式不同，因此，应当使用数字图像处理技术中的高性能计算机处理和改进算法来提高车牌识别系统中图像自动识别和处理速度。

（三）跟踪运动车辆及视频分割技术

在现实生活中，城市交通拥堵严重，频繁发生交通意外，要想全面、准确地了解事发现场的情况，可在检测路段安装摄像头，利用摄像头拍摄实施道路监控，并将采集到的数字化视频信息传输到智能交通监控管理中心，并利用数字图像处理技术对视频信息进行分割、识别、分析与处理，计算道路交通数据，进而准确了解车辆在停车、事故、拥堵、变道时的运行状况（包括车速、道路状况、定位车辆位置等），及时监控和跟踪锁定的车辆。与传统的跟踪车辆技术（使用感应线圈获得车辆运动数据）相比，跟踪运动车辆及视频分割技术有明显的优势：不需要破坏公路、灵活准确地获取车辆运动数据、安装比较方便等。但是，若遇上交通堵塞、恶劣天气导致的视频模糊等情况，对车辆实施跟踪就变得很困难。所以，还需进一步完善视频分割与跟踪运动车辆技术，保证在特殊天气和意外交通情况下，对车辆运行情况也能及时监控和跟踪，进而保证交通运行的安全。

（四）在电子警察中的应用

电子警察技术在智能交通系统中起着很重要的作用，能够不让交警时刻值守现场，减轻工作人员负担。电子警察应用先进的数字图像处理技术后，能够对拍摄的视频图像进行识别、分析和处理，不仅大大提高智能交通的工作效率和交通运行的安全，也在很大程度上减少人力和物力。电子警察中应用的数字图像处理技术主要涉及以下几个方面：图像滤波、图像编码、图像加密与水印、图像识别等技术。图像滤波技术——清除噪声或者无效信息，提取有效标准信息；图像编码技术——二次编码拍摄到的视频图像，保证视频图像满足通信需求；图像加密与水印——对视频图像进行加密处理，保证有取证用途信息的保密性与安全性；图像识别——识别视频图像中的车辆、行人、非机动车等及其行为。

（五）车辆违章检测系统

车辆违章检测系统就是根据实时性原则来检测和识别视频中运动的全部物体，对视频图像进行灰度化处理，将车辆从背景中分离出来，进而准确获得运动目标，然后根据目标的运动情况判断对其是否执行后续操作。比如，检测车辆是否实施车让人、是否闯红灯违章等。由于车辆违章检测系统受暴雨、光照、雾霾等因素的影响，导致车辆违章检测工作变得相当复杂。因此，在设计该系统时要保证算法的简洁性，同时也具有良好

的适应性来应对恶劣的环境变化。车辆违章检测系统中检测运动目标是关键，常用的检测算法如下。

1. 光流法

光流法是利用图像像素强度数据的时域变化及其他相关属性捕捉运用目标的运动情况。此算法的优点是摄像机哪怕是在大风、暴雨等恶劣天气下，也不会抖动，缺点是运算复杂，抗噪性较差。

2. 背景差法

背景差法是利用背景图像和输入图像的差值检测运动目标。此算法运算简单、计算量小、速度快，可以满足系统实时性的要求。但是，背景图像对于雾霾、光照等外界环境变化比较敏感，适应性较差。因此，需要实时更新背景图像，否则检测到目标的运动情况可能会不准确。

3. 帧差法

帧差法是以时间差为基础，根据连续图像序列的两、三个帧的差值，再经过阈值二值化处理，进而确定运动目标。此算法简单，具有较强的抗干扰能力和适应环境的能力，但是提取图像的清晰度会差一些，甚至对运动缓慢、体积较大的运动目标会造成目标空洞现象。

（六）障碍物检测

道路上的障碍物对于正在高速行驶的汽车来说是很危险的，道路障碍物一般有：山体落石、行人或动物、交通标志、车辆遗撒物等。司机一般都在距离障碍物较近时才可能发现它，采取刹车或急打方向，容易发生翻车、撞车甚至是连环撞车等交通事故。因此，为了车辆安全行驶，有必要进行障碍物检测。常见的检测障碍物的数字图像处理技术有图像滤波法、模板法。其检测原理是：利用摄像机时刻监控道路情况，一旦摄像机识别检测到障碍物，就会向监控平台发出报警信号，相关工作人员就会及时清理障碍物，保证道路顺畅，提高交通安全度。但是，在遇到严重雾霾、亮度变化强烈的情况下，数字图像处理技术由于自身算法的限制，会影响其检测障碍物的准确率，这还有待进一步改善。

三、图像复原技术在车牌定位中的应用

车牌识别技术已经广泛应用于多个领域，车牌识别技术的使用对交通管制、车辆管理等方面的效率都有很大提高，车牌的正确定位是车牌能否最终准确识别的重要基础和保障，只有车牌区域准确的定位出来才能顺利进行车牌识别的后续步骤。在一些特殊复杂环境下，车牌定位的准确性往往会受到一定的影响，很难直接精准地定位出车牌区域。其中，由于车辆在高速形势下抓拍的图像模糊，由于摄像设备时间久导致图像质量不佳等，都直接影响车牌的准确定位。

（一）图像退化

图像模糊是图像退化的一种也是最为常见的一种。模糊图像的处理过程是现代数字图像处理过程中的研究重点和难题，没有任何一种通用的算法可以处理所有情境下的图像模糊，需要根据不同的情境和状态建立适合此图像处理的退化模型，根据实验的效果选择合理的算法处理图像。

1. 图像退化模型

图像退化指由设备得到的场景图像因产生失真等情况未能真实地反映场景的真实内容，为了能够很好地恢复失真模糊的图像，需要根据图像的失真模糊的根本原因建立相应的退化模型进而选择合适的复原技术进行处理。常见的图像退化模型：一是由于非线性变换响应而导致的退化，二是成像模糊造成的退化，三是场景中目标快速运动造成的重叠退化以及随机噪声的叠加退化等。

图像退化的因素实际的图像中一般为噪声和模糊，既受噪声影响又受模糊影像的退化图像最为常见，对此可以给出一个简单的通用退化模型，如图 6-14 所示。

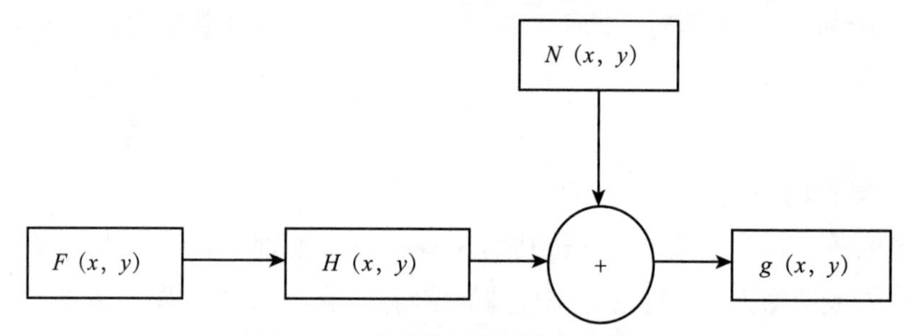

图 6-14　简单的通用图像退化模型

模型中的输入和输出关系为：

$$g(x, y)=H[F(x, y)]+n(x, y) \tag{6-1}$$

其中，H 为模糊系统，$n(x, y)$ 为噪声，$F(x, y)$ 为原始图像，$g(x, y)$ 为噪声和模糊叠加的退化图像。在 $n(x, y)$ 为 0 时，模糊系统 H 可以有线性、相加性、一致性以及空间不变性 4 个性质。

2. 噪声影响

噪声是最常见的退化因素之一，由于传输介质和记录设备等不完善，数字图像在其传输记录过程中往往会受到多种噪声的污染。噪声在图像上常表现为引起较强视觉效果的孤立像素点或像素块。一般来说，噪声信号与要研究的对象不相关，它以无用的信息形式出现，扰乱图像的可观测信息。图像常见噪声基本上有四种，高斯噪声，泊松噪声，乘性噪声以及椒盐噪声，其中高斯噪声和椒盐噪声是影响车牌图像质量的最为常见噪声。

高斯噪声是指它的概率密度函数服从高斯分布（正态分布）的一类噪声。如果一个噪声，它的幅度分布服从高斯分布，而它的功率谱密度又是均匀分布的，则称它为高斯白噪声。高斯白噪声的二阶矩不相关，一阶矩为常数，是指先后信号在时间上的相关性。

椒盐噪声又称脉冲噪声，它随机改变一些像素值，是由图像传感器，传输信道，解码处理等产生的黑白相间的亮暗点噪声。通过 MATLAB 仿真软件通过调用软件中的函数库对图像进行高斯噪声和椒盐噪声的实验仿真，其核心代码为：

= imread('image') ; j1 = imnoise(i, 'gaussian') ; j2 =imnoise(i, salt & pepper)。

3. 模糊影响

实际生活应用中造成图像模糊的原因有很多，一般来说，可以大致分为三类：不聚焦造成的光学模糊、设备和物体因相对位移引起的运动模糊、大气等介质影响产生的介质模糊。模糊所产生的原因是随时不同的，其本质是相似的，都是由于原始清晰图像在模糊核函数的作用下引起图像质量的降低。运动模糊是由于拍摄设备在采集图像时与物体之间发生了相对位移导致采集的图像存在模糊现象。如果设备和物体同时都在运动，这样会引起图像全局运动模糊；设备动或物体动，会引起局部运动模糊。高斯模糊是由大气中的介质所引起的，也是图像模糊中常见的模糊类型。

（二）图像复原

图像是人类视觉的基础，通过图像信息人们可以去感知自然万物。随着图像的应用广泛，数字图像处理技术也受到了国内外研究者的大力追捧。在研究图像过程中，对于一些退化的图像的研究是图像处理技术发展的绊脚石，研究者们依据退化图像的特点，研究提出针对性的图像复原技术。图像复原技术主要是通过对退化图像进行分析，建立退化模型，然后在频域和空域处理图像，消除模糊，提高图像的质量，使后续实验顺利进行。由于在不同的环境中所带来的图像退化的类型是多种，影响图像退化的因素也比较多，所以目前国内外对退化图像的处理没有一种通用的复原技术。

1. 灰度处理

通过设备所采集的车牌图像往往为彩色图像，实际实验过程中对图像进行处理时，如果处理彩色图像费时费力，而且彩色图像中包含的干扰因素和无用信息过多，研究起来有一定的不必要的难度，则在车牌图像的处理和研究过程中，通过灰度处理可以大幅提高图像处理效率。灰度化处理是众多图像处理实验的第一步，所谓灰度处理就是将彩色图像通过调用 MATLAB 中的灰度化函数处理成灰度图像，书中使用加权灰度化进行灰度处理。

加权灰度：由于人眼对彩色辨识度的不同，所以使用加权灰度法。

$$g=\omega_R \times R+\omega_G \times G+\omega_B \times B \tag{6-2}$$

ω_R、ω_G、ω_B 表示红、绿、蓝三个分量的权值。在红、绿、蓝三种颜色中，人眼对红色最为敏感，其次是绿色，最后是蓝色，可以表示为 $\omega_R > \omega_G > \omega_B$。

2. 噪声处理

噪声滤除作为图像复原中的一个重要组成部分，需要根据不同的噪声特点使用不同特性的滤波器。噪声滤除一般是众多数字图像处理实验的预处理部分，通过最初很好地处理噪声后，才能顺利进行后续实验。对于噪声滤除需要选用滤波器，不同的滤波器对不同类型的噪声处理结果是不同的，国内外在处理车牌问题中常用的滤波器有：高斯滤波器、中值滤波器、均值滤波器。滤波目的：其一，消除图像中混入的噪声；其二，为图像识别抽取出图像特征。滤波要求：其一，不能损坏图像轮廓及边缘；其二，图像视觉效果应当更好。

在对图像的噪声去除效果进行比较时，我们引用了传统的图像质量评估标准 PSNR，PSNR 为实验处理后的图像和原图像的相似度，PSNR 的引入能够通过数据体现各种滤波器的噪声去除效果。PSNR 的计算公式如下：

$$MES=\sin[\text{sum}(img1-img2)^2]/(h\times w)$$

其中，MES 为均方差；h、w 分别为图像的高和宽。在多次迭代仿真试验之后，记录的数据如表 6-1 所示。

表 6-1 PSNR 数据

—	高斯噪声	椒盐噪声
均值滤波	21.2064	19.4956
中值滤波	22.6723	25.088
高斯滤波	20.2339	20.4419

通过实验处理后的图像噪声去除效果可以得出，中值滤波器对椒盐噪声的滤除效果最佳，均值滤波器和中值滤波器对高斯噪声的滤除效果相近，但是对于图像边缘细节的保护，中值滤波器的效果更好（图 6-15）。通过实验，在噪声处理方面，选用中值滤波器实验处理。

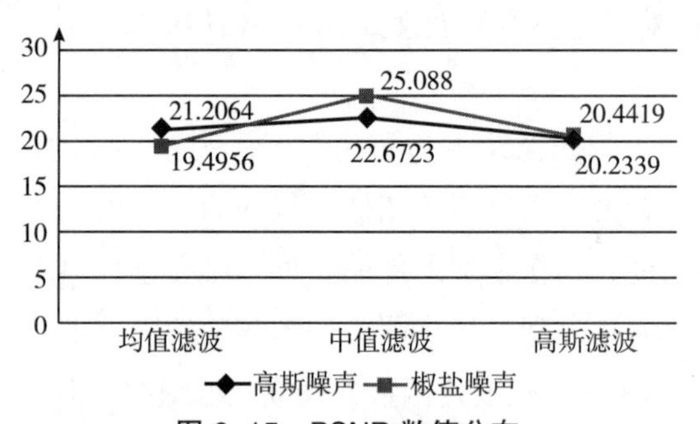

图 6-15 PSNR 数值分布

中值滤波对脉冲噪声有良好的滤除作用，特别是在滤除噪声的同时，能够保护信号的边缘，使之不被模糊，但它会洗去均匀介质区域中的纹理。这些优良特性是线性滤波方法所不具有的，其原理就是把邻域窗口内的所有像素灰度值从小到大排列后，取其中间值为中心位置（x，y）的新灰度值。如果窗口内像素个数是有偶数个，那么就取两个中间值的平均值。

（三）模糊处理

国内外研究者对图像因运动引起的模糊的图像复原方面研究很多，根据不同运动模

糊的特点提出了图像复原几种常见的处理算法，分别为通过维纳滤波对运动模糊图像进行复原、通过约束的最小二乘方（正则）滤波对运动图像进行复原、通过逆滤波对运动图像进行复原。

1. 维纳滤波

维纳滤波复原技术是借用维纳滤波器对退化图像进行恢复，其方法为一种统计方法。维纳滤波器一种最小均差滤波器，它用的最优准则基于图像和噪声各自的相关矩阵，由维纳滤波处理的结果在平均意义上为最优。

在实际的实验计算时，当 $S_f(u, v)$ 和 $S_n(u, v)$ 未知时，$s[S_n(u, v)/S_f(u, v)]$ 一般用常数 K 进行预先设定。维纳滤波对图像的复原是建立在图像在随机噪声污染的情况下的，维纳滤波在图像复原中的应用最终以数学思想转化为方程求解问题，实际应用中依据复原的效果，寻找图像模糊复原的 K 值。

2. 逆滤波

逆滤波是一种简单的、直接的无约束图像恢复方法。直接逆滤波去模糊是最简单的去模处理方法，在不考虑噪声的情况下，逆滤波去模的效果非常好。如果把 $H(u, v)$ 看作一个滤波函数，则它与 $F(u, v)$ 的乘积是退化图像 $g(x, y)$ 的傅里叶变换。用 $H(\mathrm{u}, v)$ 去除 $G(u, v)$ 就是一个逆滤波过程。在对运动模糊图像的恢复效果进行比较时，同样引用 PSNR 对复原效果进行比较。数据记录于表 6-2，数据对比说明如图 6-16 所示。

表 6-2 PSNR 数据

—	运动模糊
维纳滤波	23.1755
逆滤波	19.517
最小二乘滤波	21.9878

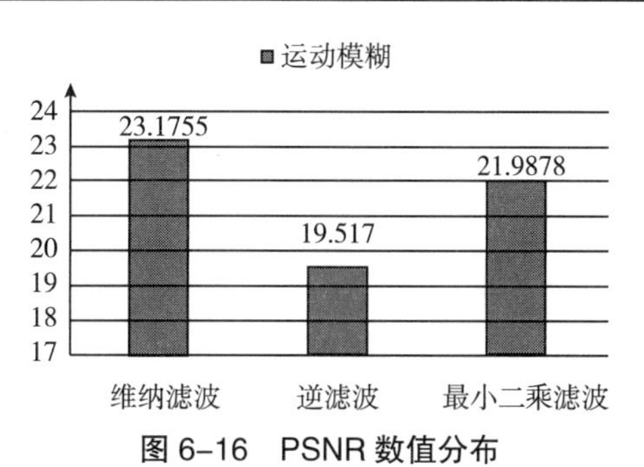

图 6-16 PSNR 数值分布

通过实验结果，客观的数据对比，结合主观的视觉评价因素可以看出，不同算法的图像复原效果，可见维纳滤波在图像受噪声影响对运动模糊的恢复效果比逆滤波和最小二乘滤波的恢复效果更好，而且这个差距会随噪声的加强变明显。

3. 改进复原

维纳滤波对退化图像的复原主要取决于通过对退化图像噪声和模糊参数进行评估找

出适合退化图像的 K 值，K 值的选取对复原效果来说尤为重要，遂提出一种基于退化参数自寻找最佳 K 值的维纳滤波图像复原算法，通过寻找最佳的 K 值使维纳滤波达到最优的复原效果。首先需要对模糊参数进行估计，通过 MATLAB 仿真软件对图像进行模糊仿真实验，然后对 PSF 的模糊长度和模糊角度两个参数进行估计。模糊方向的估计首先对模糊图像进行灰度化，并计算其二维傅里叶变换；把计算出的傅里叶变换值压缩其动态范围，结果循环一维，是低频居中；通过边缘检测算子对频谱图像的边缘进行检测并对其进行二值化处理；对二值化后的图像通过 radon 进行 1°~180° 的变换；找出矩阵中的最大值和对应列，通过 radon 变换找到模糊的角度，经过旋转，根据图像中出现的暗纹的间距和行数就可求出模糊长度。在找到模糊参数后，就可求出 PSF 参数。

最佳 K 值的选择和信号及噪声息息相关，由于往往噪声和模糊是随机的，我们很难单纯通过前面的中值滤波把退化图像中的所有噪声去除完，不同 K 值的选取维纳滤波对噪声和模糊的恢复效果是不同的。$S_n(u, v)/S_f(u, v)$ 为噪声信号量与原始图像信号量的比值，通过对图像中的残余噪声进行分解分析，再由原始运动模糊图像获得的信号量进行分解，将噪声和运动模糊叠加的图像在频域内重构，然后通过维纳滤波进行复原。

（四）车牌定位

通过此前对车辆图像的去噪、去模等预处理操作，为能够准确地定位车牌区域奠定了坚实基础，通过一系列实例实验的效果对比，选用中值滤波器进行平滑处理的去噪声操作、选用维纳滤波对运动模糊或噪声和运动模糊叠加的图像进行恢复，预处理操作后牌定位算法的选择也是能否准确定位车牌的关键因素。目前，车牌定位的方法很多，最常见的定位技术主要有基于边缘检测的方法、基于彩色分割的方法、基于数学形态学的车牌定位等，通过大量实验结合我国蓝色车牌的特点总结出一种基于边缘检测以及色彩辅助的车牌定位算法。

1. 定位预处理过程

车牌定位算法在图像复原之前，由于采集的图像运动模糊失真，导致没有明显的车牌区域如图 6-17 所示，车牌区域因运动导致在不同角度的拉伸，车牌区域的边缘特征丢失，使得后续车牌的精确定位几乎是不可能的。书中提出一种基于边缘检测以及色彩辅助的车牌定位算法，是通过边缘算子对图像进行处理，利用车牌的边缘特征，检测出具有边缘特征的相关位置，然后通过 HSV 根据车牌颜色的特点对定位区域进行二次筛选，运动模糊后的图像的车牌区域的边缘信息几乎全部丢失，这对后续的车牌的精确定位是一个很大的障碍。

运动模糊情境下的车牌定位预处理的大致流程如图 6-17 所示。

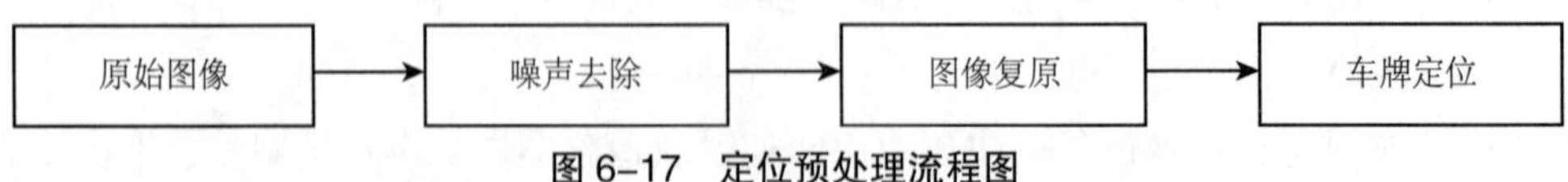

图 6-17　定位预处理流程图

2. 车牌精确定位

通过对几种常用的车牌定位方法做了简单的实验研究，从定位结果来看，各有优缺点，但是在独立定位车牌的情况下，准确率、效率不是特别明显。根据已有算法的归纳总结以及实验探究，提出一种基于边缘检测以及色彩辅助的车牌定位算法，算法的基本流程如图 6-18 所示。

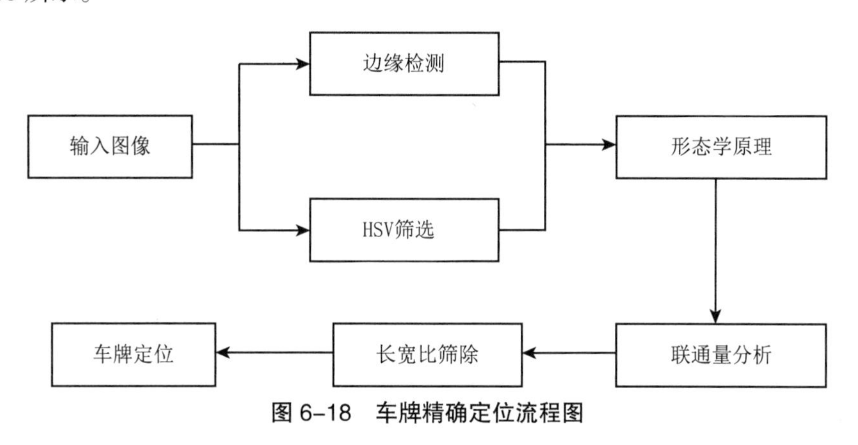

图 6-18　车牌精确定位流程图

基于彩色分割的车牌定位算法在车牌边缘有相近颜色或者车身颜色大体与车牌底色相近的情况下，基于彩色分割的车牌定位算法受到一定的周围因素的干扰，对于车牌的精确定位不能很好地确定。基于边缘检测的车牌定位算法在车牌定位时，可能受到其他位置面积与车牌区域大小差不多的长方形区域，定位时干扰严重，不能准确进行定位。书中提出的一种基于彩色分割与边缘检测相结合的算法，可以抑制其他边缘，使车牌区域突出，获取感兴趣的信息，减少干扰，从而提高车牌定位的准确性。

边缘检测过程中使用 Canny 算子检测边缘信息，进而进行定位分割。Canny 算子主要就是依据车牌的边缘信息特征进行检测定位，而运动模糊的图像中的车牌边缘信息几乎丢失，这样通过 Canny 算子检测车牌边缘是不可能的。图像复原的处理后使得原本模糊的图像接近于原图像，车牌边缘特征凸显出来，提高 Canny 算子边缘检测的准确度进而提高车牌定位的精确性。Canny 算子是一个具有滤波，增强，检测的多阶段的优化算子，在进行处理前，Canny 算子先利用高斯平滑滤波器来平滑图像以除去噪声，Canny 分割算法采用一阶偏导的有限差分来计算梯度幅值和方向，在处理过程中，Canny 算子还将经过一个非极大值抑制的过程，最后 Canny 算子还采用两个阈值来连接边缘。在进行车牌定位实验中，常用的颜色空间有：RGB、YUV 以及 HSV 色彩空间。其中，HSV 相比，其他两种色彩空间，对光更敏感，更符合、贴近人眼的视觉感知，人们能够更好地最初辨别。在真正试验过程中，我们需要通过公式对 RGB 和 HSV 进行转换，方便实验进行。

对原始图像分别进行不同程度的运动模糊的实验，默认都存在噪声，然后对模糊图像预处理，对预处理后的图像进行不同的恢复以及定位。本次实验次数为 100，车牌定位的合格率数据记录于表 6-3，数据对比如图 6-19 所示。

表 6-3 数据记录

—	未预处理	逆滤波	维纳滤波	改进算法
轻微模糊	6%	73%	75%	90%
中度模糊	3%	55%	71%	90%
重度模糊	0	49%	67%	87%

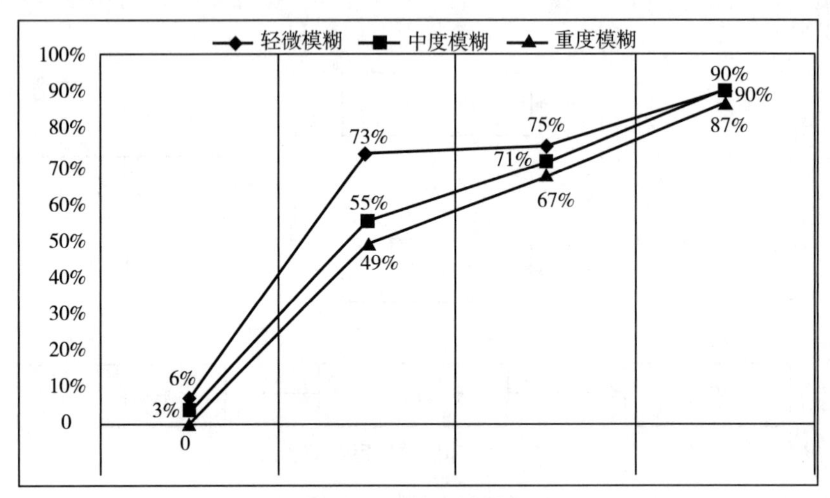

图 6-19 定位成功率

实验结果显示，在图像运动模糊和噪声叠加后，由于图像的退化状态，图像中车牌等地方的边缘信息模糊，车牌区域由于运动模糊产生区域扩散等情况，模糊后的图像可以看到蓝色的车牌被拉伸，彩色分割也不能根据预设的 HSV 的各个通道的系数准确地定位车牌的区域。在未进行图像复原处理工作前，想要通过边缘检测和色彩辅助准确定位车牌的区域几乎是不可能的。通过数据可以清晰地看到图像复原后，车牌定位的成功率有明显的提高，改进后的复原算法的复原效果最佳，通过提出的一种基于彩色分割和边缘检测的车牌定位算法借助 MATLAB，可以准确地定位车牌的区域，效果上佳。

第七章　图像融合的技术及应用

第一节　图像融合的基本概念

图像融合（Image Fusion）是指将多源信道所采集到的关于同一目标的图像数据经过图像处理和计算机技术等，最大限度地提取各自信道中的有利信息，最后综合成高质量的图像，以提高图像信息的利用率、改善计算机解译精度和可靠性、提升原始图像的空间分辨率和光谱分辨率，有利于监测。图像融合示意图如图 7-1 所示。待融合图像已配准好且像素位宽一致，综合和提取两个或多个多源图像信息。两幅（多幅）已配准好且像素位宽一致的待融合源图像，如果配准不好且像素位宽不一致，其融合效果不好。图像融合的主要目的是通过对多幅图像间的冗余数据的处理来提高图像的可靠性，通过对多幅图像间互补信息的处理来提高图像的清晰度。

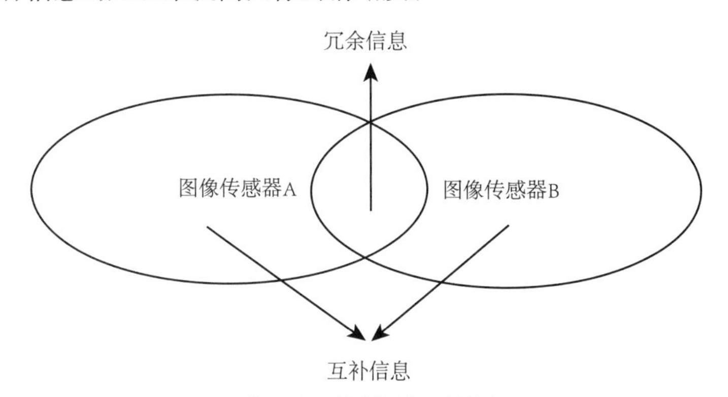

图 7-1　图像融合示意图

图像融合的主要目的是通过对多幅图像间的冗余数据的处理提高图像的可靠性，通过对多幅图像间互补信息的处理提高图像的清晰度。图像融合的主要目的包括以下几点。

（1）增加图像中有用信息的含量，改善图像的清晰度，增强在单一传感器图像中无法看见或看清的某些特性。

（2）改善图像的空间分辨率，增加光谱信息的含量，为改善检测、分类、理解、识别性能获取补充的图像信息。

（3）通过不同时刻的图像序列融合来检测场景或目标的变化情况。

（4）通过融合多个二维图像产生具有立体视觉的三维图像，可用于三维重建或立体投影、测量等。

（5）利用来自其他传感器的图像来替代或弥补某一传感器图像中的丢失或故障信息。

一、图像融合系统的层次划分

图像融合是采用某种算法对两幅或多幅不同的图像进行综合与处理，最终形成一幅新的图像。图像融合系统的算法按层次结构划分，可分为信号级、像素级、特征级和决策级。

信号级图像融合：是指合成一组传感器信号，目的是提供与原始信号形式相同但品质更高的信号。

像素级图像融合：结构如图 7-2 所示，是指直接对图像中像素点进行信息综合处理的过程像素级图像融合的目的是生成一幅包含更多信息、更清晰的图像像素级图像融合属于较低层次的融合，目前，大部分研究集中在该层次上。像素级图像融合一般要求原始图像在空间上精确配准，如果图像具有小同分辨率，在融合前需做映射处理。

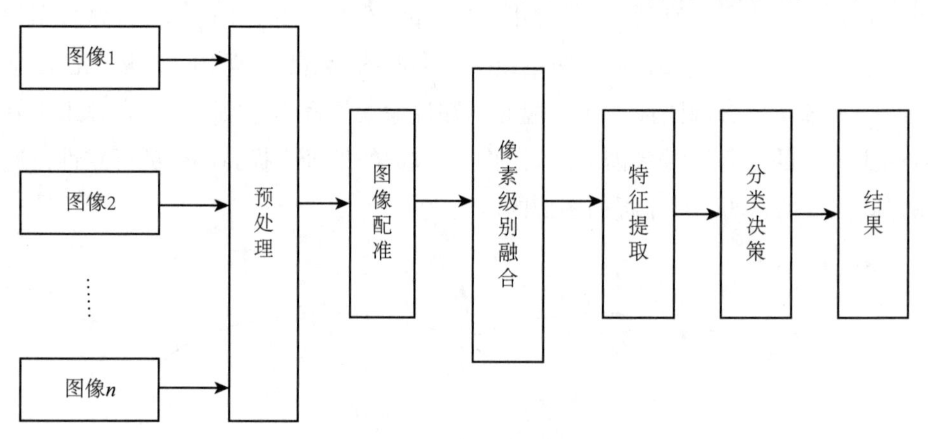

图 7-2　像素级图像融合

特征级图像融合：结构如图 7-3 所示，是指从各个传感器图像中提取特征信息，并将其进行综合分析和处理的过程。提取的特征信息应是像素信息的充分表示量或充分统计量，典型的特征信息有边缘、形状、轮廓、角、纹理、相似亮度、区域、相似景深区域等在进行融合处理时，所关心的主要特征信息的具体形式和内容与多传感器图像融合的应用目的 / 场合密切相关。通过特征级图像融合可以在原始图像中挖掘相关特征信息、增加特征信息的可信度、排除虚假特征、建立新的复合特征等。特征级图像融合是中间层次上的融合，为决策级融合做准备。特征级融合对传感器对准要求不如信号级和像素级要求严格，因此图像传感器可分布于不同平台上。特征级融合的优点在于可观的信息压缩，便于实时处理。由于特征直接与决策分析有关，因而融合结果能最大限度地给出决策分析所需的特征信息。

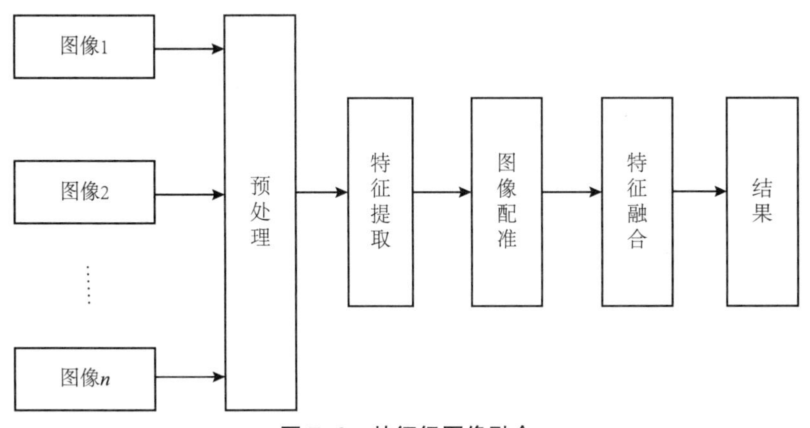

图 7-3　特征级图像融合

决策级图像融合：结构如图 7-4 所示，是指对每个图像的特征信息进行分类、识别等处理，形成相应结果后，进行进一步的融合过程，最终的决策结果是全局最优决策。决策级融合是一种更高层次的信息融合，其结果将为各种控制或决策提供依据。为此，决策级融合必须结合具体的应用及需求特点，有选择地利用特征级融合所抽取或测量的有关目标的各类特征信息，才能实现决策级融合的目的，其结果将直接影响最后的决策水平。由于输入为各种特征信息，而结果为决策描述，因此决策级融合数据量最小，抗干扰能力强。

决策级融合的主要优点可概括为：

（1）通信及传输要求低，这是由其数据量少决定的。

（2）容错性高，对于一个或十个传感器的数据干扰，可以通过适当的融合为一予以消除。

（3）数据要求低，传感器可以是同质或异质，对传感器的依赖性和要求降低。

（4）分析能力强，能全力有效反映目标及环境的信息，满足应用的需要。

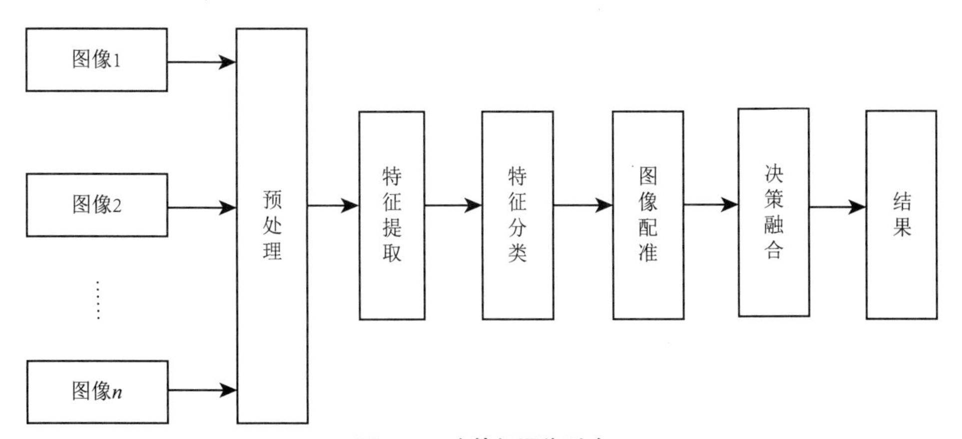

图 7-4　决策级图像融合

表 7-1 给出了不同多传感器图像融合层次及其性能特点的比较情况，表 7-2 给出了不同层次图像融合算法的特点。从表中及前面所介绍的内容可以看出，像素级图像融合

是最重要、最根本的多传感器图像融合方法，其获取的信息量最多、检测性能最好，难度也最大。

表 7-1　图像融合层次及其性能特点的比较

融合层次特征	像素级融合	特征级融合	决策级融合
信息量	最大	中等	最小
信息损失	最小	中等	最大
容错性	最差	中等	最好
抗干扰性	最差	中等	最好
对传感器的依赖性	最大	中等	最小
融合方法难易	最难	中等	最易
分类性能	最好	中等	最差
系统开放性	最差	中等	最好
预处理	最小	中等	最大

表 7-2　不同层次图像融合算法的特点

特点	信号层图像融合	像素层图像融合	特征层图像融合	决策层图像融合
传感器信息类型信	信号或者多维信号	多幅图像	从信号和图像中提取出的特征	用于决策的符号和系统模型
信息的表示级别	最低级	介于最低级和中级之间	中级	高级
传感器信息模型	含有不相关随机噪声的随机变量	含有多位属性的图像或者像素上的随机过程	可变的几何图形、方向、位置以及特征的时域范围	测量值含有不确定因素的符号
图像数据的空间对准精度级别	高	高	中等	低点
图像数据的时域对准精度级别	高	中等	中等	低
数据融合方法	信号估计	图像估计或像素属性组合	几何上和时域上相互对应，特征属性组合	逻辑推理和统计推理
数据融合带来的性能改善	方差期望值缩小	使图像处理任务的效果更好	压缩处理量、增强特征测量值精度，增加附加特征	提高处理的可靠度或提高结果正确概率

第二节　图像融合的关键技术

一、图像融合规则

在图像融合中，融合规则的选取对融合图像的质量有着重要影响，对于多分辨率图像融合，设计与选取融合规则的理论基础是：图像经过多分辨率分解后的低频子带表征的是图像的近似部分，而高频子带表征的是图像的细节部分；高频子带的系数值在零左右波动，绝对值越大表示该处灰度变换越激烈，即包括了诸如图像的边缘、线条以及区域的边界等重要信息。

总的来说，多分辨率图像融合规则可分为两种：基于像素的融合规则和基于区域的融合规则。

基于像素选取的融合规则，在将原图像分解成不同分辨率图像的基础上，选取绝对值最大的像素值（或系数）作为融合后的像素值（或系数），这是基于在不同分辨率图像中，具有较大值的像素（或系数）包含更多图像信息。

考虑分解层内各图像（若存在多个图像）及分解层间的相关性的像素选取融合规则。在应用小波变换进行图像融合时，根据人类视觉系统对局部对比度敏感的特性，采用了基于对比度的像素选取融合规则。

基于像素的融合选取仅是以单个像素作为融合对象，它并未考虑图像相邻像素之间的相关性，因此融合结果不是很理想。考虑到图像相邻像素间的相关性，出现了基于区域特性选择的加权平均融合规则，将像素值（或系数）的融合选取与其所在局部区域联系起来。

在选取窗口区域中较大的像素值（或系数）作为融合后像素值（或系数）的同时，还考虑了窗口区域像素（或系数）的相关性，通过计算输入原图像相应窗口区域中像素绝对值比较大的个数，决定融合像素的选取。基于窗口区域的融合规则由于考虑相邻像素的相关性，因此减少了融合像素的错误选取，融合效果得以提高。

基于区域的融合规则，将图像中每个像素均看作区域或边缘的一部分，并用区域和边界等图像信息来指导融合选取。采用这种融合规则所得到的融合效果较好，但此规则相对其他融合规则要复杂。对于复杂的图像，此规则不易于实现。

二、图像融合方法

图像融合方法是不对参加融合的各源图像进行任何图像变换或分解，直接以原图像为研究对象，运用各种融合规则进行图像融合，也可以称作简单得多传感器图像融合方法。

该方法是早期的图像融合方法，由于其原理简单易懂，计算量小，也是目前应用最多的图像融合方法，同时在多尺度分解的图像融合方法中的一些尺度上其融合规则往往借鉴简单的图像融合方法。它的基本原理是直接对各源图中的各对应像素分别进行灰度选大、灰度选小、灰度加权平均等简单处理后融合成一幅新的图像。图 7-5 描绘出了基于像素的图像融合方法。

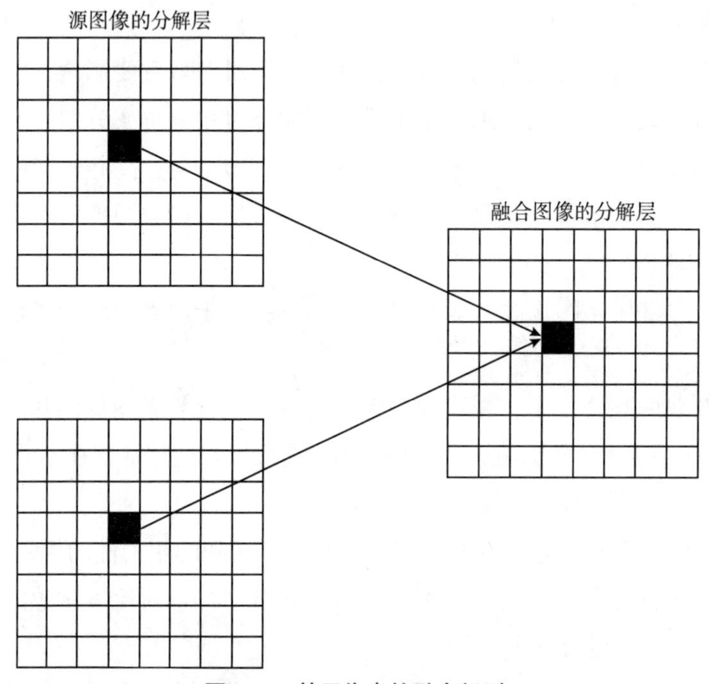

图 7-5　基于像素的融合规则

（一）像素灰度值选大图像融合方法

以两幅图像融合为例，说明图像融合过程及融合方法。对于三个或多个源图像融合的情形，可以类推。设参加融合的两个原图像分别为 A、B，图像大小为 $M \times N$，经融合后得到的融合图像为 F，那么对 A、B 两个源图像的像素灰度值选大图像融合方法可表示为：

$$F(m, n) = \max\{A(m, n), B(m, n)\} \tag{7-1}$$

式中：m 图像中像素的行号，m=1，2，…，m；n 图像中像素的列号，n=1，2，…，n。

即在融合处理时，比较原图像 A、B 中对应位置（m，n）处像素的灰度值的大小，以其中灰度值大的像素（可能来自图像 A 或 B）作为融合图像 F 在位置（m，n）处的像素。这种融合方法只是简单地选择参加融合的原图像中灰度值大的像素作为融合后的像素，对参加融合的像素进行灰度增强，因此该融合方法的实用场合非常有限。

（二）像素灰度值选小图像融合方法

基于像素的灰度值选小图像融合方法可表示为：

$$F(m,n)=\min\{A(m,n),B(m,n)\} \tag{7-2}$$

式中：m 图像中像素的行号，m=1，2，…，m；n 图像中像素的列号，n=1，2，…，n。

即在融合处理时，比较原图像A、B中对应位置（m，n）处像素灰度值的大小，以其中灰度值小的像素（可能来自图像A或图像B）作为融合图像F在位置（m，n）处的像素。这种融合方法只是简单地选择参加融合地原图像中灰度值小的像素作为融合后的像素，与像素灰度值选大融合方法一样，该融合方法的适用场合也很有限。

三、图像融合方法的性能评价

图像融合效果的评价问题是一项重要而有意义的工作，如何评价融合效果即如何评价融合图像的质量，是图像融合的一个重要步骤，在目前的融合效果评价中，主要有主观评价法和客观评价法。

（一）融合图像质量的主观评价

融合图像的主观评价是以人为观察者，对图像的优劣做出主观定性的评价。这种方法在一些特定的应用中还是可行的，比如，用于判断融合图像是否配准、亮度和反差是否合适、图像边缘是否清晰等。这种方法的主观性比较强。由于主观评定方法不全面，带有一定片面性，具有不确定性和不全面性，而且也经不起重复检查，因为当观测条件发生变换时，评定得结果有可能产生差异。主观评定法具有简单、直观的结果有可能产生差异。主观评定法具有简单、直观的优点，对明显的图像信息可以进行快捷、方便的评价。通过对图像上的田地边界、道路、居民的轮廓、机场跑道边缘的比较，可直观地得到图像在空间分解力、清晰度等方面的差异。所以，当融合图像之间差异比较明显时，主观评定方法可以快速得出准确的评判结果，而当融合图像之间的差异较小时，主观评定方法则往往不能给出一个准确的判定，因此出现一些不受人为影响的客观评价方法（图7-6）。

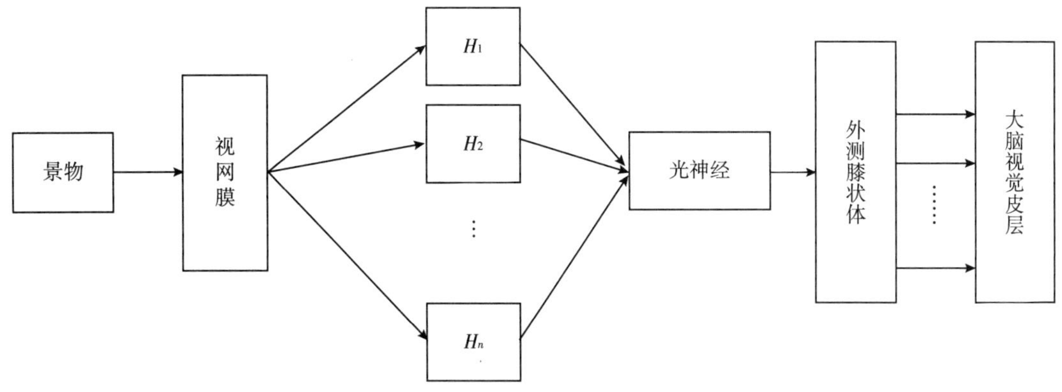

图7-6 人的视觉系统的多频率通道

表7-3给出了国际上规定图像评价的5级质量尺度和妨碍尺度。

表 7-3　主观评价尺度评分表

分数	质量尺度	妨碍尺度
1	很好	丝毫看不出图像质量变坏
2	较好	能看出图像质量变化，但并不妨碍观看
3	一般	清楚地看到图像质量变坏，对观看稍有妨碍
4	差	对观看有妨碍
5	很差	非常严重地妨碍观看

此外，人在观察图像中景物时注视点的分布有以下特点。

（1）注视点往往会集中在图像黑白交界的部分，尤其集中在拐角处。

（2）注视点容易向闭合图形内侧移动。

（3）注视点容易集中在时隐时现运动变化的部分。

（4）图像中若有一些特别不规则处也是注视点容易集中的地方。

（二）融合图像质量的客观评价

通常采用的客观评价法主要分为以下 3 类。

（1）只需要通过计算单幅图像（源图像和融合图像）的熵、平均梯度、标准差等来评价图像融合前后的变化、融合图像的质量好坏和融合方法的优劣。

（2）通过计算融合图像与标准参考图像的相互关系来评判，主要有计算融合图像的均方根误差、信噪比和峰值信噪比等。但在实际应用中，很难得到标准参考图像，所以这类方法在实际应用中很难实现。

（3）根据融合图像与源图像关系来评定的方法，目前主要是通过计算它们之间的联合熵、偏差与相对偏差、交互信息量等参数来评价融合效果。在说明客观评价法之前先假设一些基本参数，设经过严格配准的源图像为 A 和图像 B，其图像函数分别为 $A(x, y)$、$B(x, y)$。图像 A 和 B 具有相同的灰度级（假设都是 256 级灰度图像），设图像的总的灰度级为 L。由源图像经过融合得到的融合图像为 F，其图像函数为 $F(x, y)$。所有图像的大小都是一样的。设图像的行数和列数分别为 M 和 N，则图像的大小为 $M \times N$。

第三节　图像融合技术的应用

随着我国航空航天事业的进一步发展，目标观测精度要求也进一步提高，研制保障设备也必将发挥其必不可少的作用。航空航天相机图像高速实时传输与性能评价装置，更是航空航天相机研制中必不可少的测试设备，能够很好地适应未来相机发展的需求，将图像接收、传输和性能分析各个功能结合起来，在一定程度上能够准确、高效地对测

试数据进行分析。在测试系统设计中，利用千兆以太网传输接口按照设定好的协议将图像数据实时传输给计算机，在计算机中实时显示图像并进行调制传递函数的计算。

一、测试系统传递函数理论分析

针对一个线性光学成像系统，传递函数是通过物的输入与输出之间对比的关系来体现的。最开始对成像系统的研究中得知通常在空间范围内进行光学传递函数的计算，即采用空间频率评价成像质量的好坏。随着航天相机技术的不断变革与成熟，人们不再满足像质现有的清晰度，光学传递函数随之受到研究人员的高度重视。

（一）光学传递函数基础理论

光学传递函数（OTF）被业界认为是进行光学系统性能评价的客观标准。通过将空间频率作为变量，表示物象和相位的传递函数，从另一个方面来说，OTF 理论将图像视为由频谱排列而成，符合傅里叶函数变化，可以用复函数来表示，对应幅值为调制传递函数（MTF），表示所成像与目标物调制度之比的关系；幅角为位相传递函数（PTF），表示光学系统中 OTF 相位产生的变化，即

$$OTF(f) = MTF(f)\mathrm{e}^{\mathrm{i}pTF(f)} \tag{7-3}$$

针对需要对像质进行评价的光学成像系统，通常会计算其 MTF 值，而对于需要进行 MTF 计算的系统要求符合线性和空间不变性的基本条件。

1. 线性系统

线性系统是指对于被测光学系统，物体与所成像之间的光强分布呈线性叠加。也就是说，符合线性叠加关系的光学系统存在 n 个输入，那么对应系统的输出也会有 n 个相应的函数，其物面上各点光强度（x，y）的累加就是对应像面上一点（x'，y'）的光强度，满足的数学表达式为：

$$g(x', y') = \iint_{\partial} h(x, y; x', y')\mathrm{d}x\mathrm{d}y \tag{7-4}$$

其中，∂ 是植物面中物体的光照强度分布的范围。$h(x, y; x', y')$ 是指系统物面点（x，y）经过光学系统对应于像面上呈现的光强度函数，就是系统的脉冲响应函数。

2. 空间不变性

具有空间不变性也就是等晕条件的光学成像系统，要求在整个像面上的成像质量都是相同的，也就是指物面上经过光学成像系统的点（x，y），在像面上呈相同的光强分布。像面上的点会随着物面上点的变化而变化，但是对应的光强分布保持不变。也就是说，当物面上的点移动时改变的仅仅是像面上点的空间坐标位置，而光强分布函数的形式没有产生变化。所以，其脉冲响应函数形式为像面上空间坐标差，即

$$h(x, y; x', y') = h(x'-x, y-y') \tag{7-5}$$

因此，具备空间不变特性的光学系统是可以由式（7-5）获得系统脉冲响应函数。在实际的情况中，很难找到完全具备这两个特性的光学系统，但是对于一般系统仍然可以

近似认为其满足条件。假设存在一个点光源作为无穷远的目标物，利用光学系统所成星点像清晰度很低，则其点光源所成星点像的光强度分布函数对应系统的脉冲响应函数，通常可以看作系统点扩散函数（PSF），如图 7-7 所示。

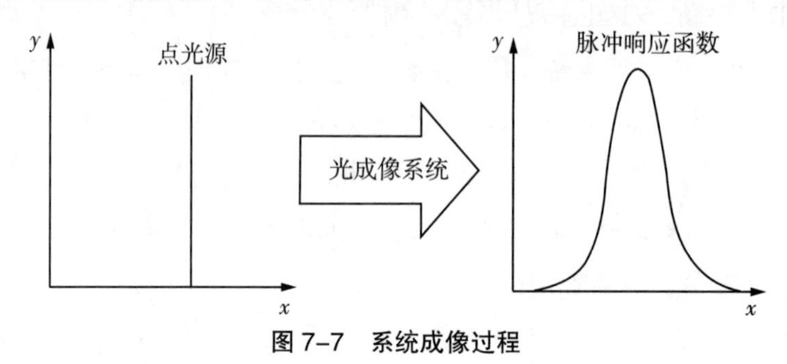

图 7-7　系统成像过程

那么，一个光学系统的输入信号为 $f(x, y)$，对应系统的输出信号为 $g(x, y)$，则该光学系统脉冲响应函数使用 $h(x, y)$ 表示，对应表达式如下：

$$g(x, y) = f(x, y) \times h(x, y) \tag{7-6}$$

然后进行傅里叶变换可得：

$$G(f_x, f_y) = F(f_x, f_y)H(f_x, f_y) \tag{7-7}$$

式中，$G(f_x, f_y)$、$F(f_x, f_y)$ 和 $H(f_x, f_y)$ 对应 $g(x, y)$、$f(x, y)$ 和 $h(x, y)$ 傅里叶变换的函数，f_x,f_y 是 x、y 坐标方向上的空间频率。对于系统 MTF 值就是 $H(f_x,f_y)$ 的模值，其公式表达如下：

$$OTF(f_x, f_y) = lH(f_x, f_y)\text{l}\exp \varnothing (f_x, f_y) \tag{7-8}$$

（二）串联系统传递函数

假设某个系统是由两个线性光学系统Ⅰ和Ⅱ串联组成，设 $G(x_1)$ 为物 $G(x_0)$ 经过光学系统Ⅰ所成的像，$G(x_2)$ 为物 $G(x_1)$ 经过光学系统Ⅱ所成的像，由光学传递函数的概念可知，该光学系统的传递函数为：

$$OTF(f) = \frac{F[G(x_2)]}{F[G(x_0)]} = \frac{F[G(x_2)]}{F[G(x_1)]} \cdot \frac{F[G(x_1)]}{F[G(x_0)]} = OTF_1(f)\,OTF_2(f) \tag{7-9}$$

由此可见，一个复杂串联系统的传递函数可以由其中各个分系统的传递函数相乘所得。通过式（7-8）和式（7-9）可得：

$$OTF(f) = MTF_1(f)MTF_2(f)\mathrm{e}^{-\mathrm{j}[PFT_1(f)+PTF_2(f)]} \tag{7-10}$$

所以可知：

$$\begin{aligned} MTF(f) &= MTF_1(f)MTF_2(f) \\ PTF(f) &= PTF_1(f)+PTF_2(f) \end{aligned} \tag{7-11}$$

由上式可得，作为串联线性的复杂光学系统的 MTF 为每个子系统的 MTF 乘积所得，PTF 由各个子系统的 PTF 相加所得。根据所得结论即可推出，存在 N 个线性的子系统互相串联而成的复杂系统中有：

$$OTF(f)=\prod_{i=1}^{n}OTF_i(f)$$
$$MTF(f)=\prod_{i=1}^{n}MTF_i(f) \quad (7\text{-}12)$$
$$PTF(f)=\prod_{i=1}^{n}PTF_i(f)$$

（三）MTF 测试原理

一个光学系统的输入函数 $f(x,\ y)$ 经成像后的输出函数 $g(x,\ y)$ 会发生相应的变化，脉冲响应函数 $h(x,\ y)$ 就是该光学系统的本征函数。若将被测相机视为一个满足线性空间不变的光学系统，则其输入函数呈现标准正弦光强分布，成像后对应输出函数显示同样的光强分布函数，但是，输出的幅度存在一定程度的衰减。

研究中往往把正弦光栅视为标准物，如图 7-8 所示，该幅值 I_a 的光栅其光强照度分布为：

$$I(x)=I_0+I_a\cos(2\pi fx)=I_0[1+M\cos(2\pi fx)] \quad (7\text{-}13)$$

式中：

$$M=\frac{I_{\max}-\mathrm{I}_{\min}}{I_{\max}+\mathrm{I}_{\min}}=\frac{I_a}{I_0} \quad (7\text{-}14)$$

为目标物的调制度，其中 $2\pi/\lambda$ 表示正弦波的空间频率。

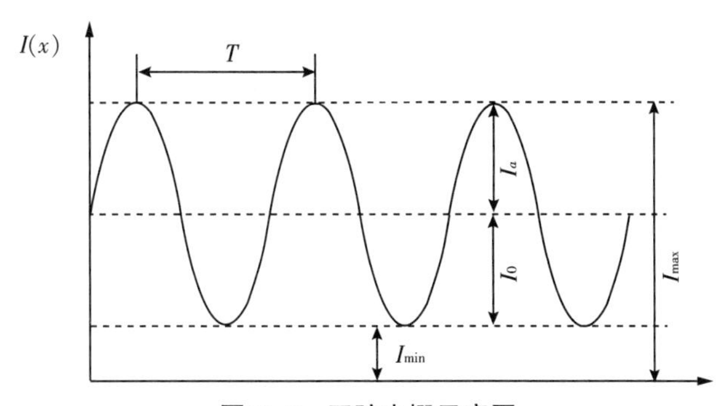

图 7–8　正弦光栅示意图

若认为，航空航天相机成像系统满足线性空间不变性，其空间频率 f 固定不变，输入信号为正弦分布，其输出仍然呈现正弦波，只是 $M_{像}$ 要低于 $M_{物}$，并且相位很有可能出现一定的偏差。

MTF 计算结果处于 0~1，与空间频率密切相关，若空间频率有一定的升高或者降低，*MTF* 值也随之变小或者增大。同时，光学系统在工作中会存在一个截止频率，高于此截止频率，系统就无法满足采样定理，导致图像出现混乱的频谱，无法得到准确的 MTF 值，所以在通常情况下，系统的工作频率不能超过其截止频率。通过观察系统 MTF 值，能够看出系统中各个元器件的对比度传递性能。对于被测系统，获得的 MTF 值越大，说明该系统的成像质量就越好。

二、MTF 测试方法

航空航天相机主要对军用信息侦察、对地探测以及环境监测等领域进行目标拍摄，这就需要确保提供的图像具有精准的信息量，任何不全面、有误差的信息都可能造成严重后果。因此，在测试航天相机系统成像性能时，有必要采用完善且客观的MTF计算方法，避免由于人为主观检测而对测试结果产生误差。

由于以往人们进行像质评价所采用的方法存在较大的主观因素，结果无法定量，而MTF 作为一种更直观、精确且定量的像质评价标准，从根本上进行了相应的补充和完善，改善了其他检测方法在评价像质上的人为干预，更受研究人员的信赖，被广泛地应用在相机成像性能的实时测试评价系统中。

调制传递函数 MTF 根据计算方式不同，其测试方法也不同，分为图像分析傅里叶法和物像对比度法。图像分析傅里叶法的基本原理是：通常使用针孔、狭缝或者刃边等作为目标物，利用 CCD 相机对输出的图像进行采样并保存在计算机中，对获得的数字图像进行处理与分析，之后进行傅里叶变换得到被测系统的传递函数。而物像对比度法往往利用正弦条纹或者矩形光栅条纹为目标物，只需对所成像的对比度与物的对比度进行比较，就能得到某一频率下的 MTF 值。通常情况下，图像分析傅里叶法被用在传递函数测试仪上，目标物为狭缝或者刃边，而在实验环境不具备测试仪的条件下，使用对比度法进行测试会更加方便。本文对三种常用的测试方法进行详细介绍，并说明本系统所采用的测试手段。

（一）狭缝法

狭缝法的测试原理主要是利用狭缝作为被测系统目标物进行成像，由于在测试中可能存在一些影响因素对图像质量产生影响，即图像存在噪声。因此需要对获取到的图像进行降噪处理在进行傅里叶变换获得系统的 MTF，同时对各种影响因素进行分析并修正，减少误差最终得到被测系统的 MTF。

被测系统中使用狭缝进行成像时，狭缝大小的选取非常关键，关系到测试精度的好坏。原则上，狭缝宽度的大小越小其测试结果越好，但是在实际测试过程中，狭缝过小也会影响测试结果，所以其宽度的选取必须满足一定条件。

（二）刃边法

对同一个被测系统来说，不同测试镜头对应使用的狭缝宽度也不同，而且测试在轨卫星的 MTF 时，寻找合适的狭缝宽度作为目标物是很困难的，因此人们研究了另外一种测试 MTF 的方法，即刃边法，一般也称为刀口法。

相较狭缝法目标物的选取，刃边法的选取更加方便且容易获取。该测试方法所得结果对目标物的影响也较小，但是对噪声的干扰较为敏感，在进行微分求解时会增加噪声干扰，同样影响 MTF 的测试结果。目前，刃边法主要应用在轨卫星系统的 MTF 测试中，因为卫星图像更适用于做刃边法的目标物，可以忽略图像系统中输入阶跃信号。

（三）对比度法

相机光学系统的MTF测试中分为静态MTF和动态MTF两种，相机的静态MTF指的是通过系统测试平台将目标靶标处于固定状态下被测相机对靶标进行拍摄，获取MTF的测试，这里的MTF主要由光学成像镜头的$MTF_{光学}$和相机CCD传感器的$MTF_{相机}$相乘所得，而$MTF_{光学}$是系统设计的$MTF_{设计}$和加工中组装调试所产生的$MTF_{加工}$的乘积。另外，相机的动态MTF测试，顾名思义是指航天相机在轨运行时获取图像或者在实验室中多角度拍摄靶标所得传递函数。对比度法主要应用于静态MTF测量，基于本系统的研究，主要针对在实验室下完成相机的静态MTF测量。

基于对比度的MTF测试方法基本原理是通过在实验室搭建测试系统实时对相机图像进行处理计算获取静态MTF值，进而实现对相机性能自动评价的功能。对比度法的测量方式在理论上是完全根据MTF的标准定义进行的，即目标输入物采用标准正弦波，通过光学系统成像在CCD传感器的焦平面上，在像面上获得像的调制度，用像的调制度除以物的调制度，就能确定整个光学系统的MTF。由于对比度测试法是严格按照MTF的定义进行测量，因此具有最高的权威性。但是，在实际测试中，制作一个完全满足正弦波曲线变化的靶标并不容易，而且无法确保制作高精度靶标，因此，实验中通常选择相对容易实现且能够保证精度的矩形条纹靶标。矩形靶标由具有特定间距的黑白条纹矩阵组成，经被测系统成像后，计算像面中最大亮度与最小亮度的差、和，并将其对比值定义为对比度传递函数（Contrast Transfer Function，CTF）。

三、测试系统高速以太网传输协议

（一）千兆以太网技术简介

航空航天相机的性能测试系统中图像数据需要实时传输至计算端进行处理，而网络中数据信号的传输都存在一定的协议标准进行规范，包括对数据传输顺序、允许最大长度以及同步操作等要求，每一种传输方式都有相应的协议标准，包括普遍使用的USB2.0/3.0传输协议、PCI-E协议、以太网（Ethernet）通信协议等。

早期以太网于20世纪70年代由美国Xerox企业的PaloAlto研究员所研发，仅在Xerox公司内部使用。在1977年，Robert Metcalfe与其带领的团队成功申请了“具有冲突检测的多点数据通信系统”专利，意味着以太网技术获得认可。之后在1982年，Xerox与Intel、DEC公司共同研发了以太网升级版规格，即10Mbps传输速率的局域网标准。以太网目前是局域网中普遍使用的一种计算机网络，也是IEEE协会所认可的802.3标准通信协议。

随着以太网技术的不断成熟，以太网传输速率一直在提升，不断完善的通信标准使得以太网传输速率提高到1000M甚至10G。千兆以太网成为目前最受欢迎的高速数据传输技术，不仅具备以往以太网协议中全部标准技术准则，比如，CSMA/CD协议、以太网标准帧格式、全双工模式、流量控制及 IEEE802.3 标准中规定的管理对象等，而且保留了传统以太网所有优点，同时又扩展了许多全新的功能：对于使用光纤传输对数据编码的需求，在 8B/10B 编码中增加了新的准则；对于距离过远而无法传输，使用了载波扩展技术；同时将帧突发检测手段加入协议使数据传输更加有效等。随着高速以太网技术不断成熟，以太网的应用领域进一步扩大，不仅在局域网中广泛使用，而且进一步扩展到了城域网和广域网。

（二）以太网协议规范介绍

以太网协议开放式系统互联（Open System Interconnection，OSI）参考模型，如图 7-9 所示。

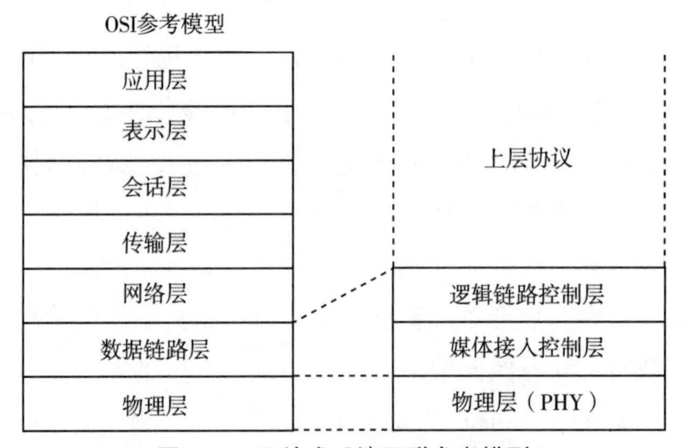

图 7-9　开放式系统互联参考模型

在 OSI 参考模型中，根据以太网协议的特点，同样可以将其简化为 5 层，即应用层、传输层、网络互联层、数据链路层及物理层，如图 7-10 所示。

应用层（各种应用层协议）
传输层（TCP 或 UDP）
网络互联层（IP）
数据链路层
物理层

图 7-10　以太网传输模型

应用层：主要是建立应用程序之间的逻辑连接，完成数据之间的转换以及存储等。

传输层：使用 TCP 或者 UDP 协议对上层数据进行封装传输或者解码得到数据，并递交给网络互联层。

网络互联层：利用 IP 协议完成标准网络层通讯传输。

数据链路层：分为媒体接入控制 MAC 子层和逻辑链路控制 LLC 子层，作为传输系统的核心部分。

物理层：选用专用 PHY 芯片完成以太网数据传输的物理层功能。

以太网传输结构中每一层协议都互相依靠不可分割。例如，在通信系统中进行数据实时传输时使用的是 UDP/IP 协议，通常用户认为仅仅是基于该协议的数据交换，事实上，

协议在两个系统之间规定了传输路径对数据进行层层处理，每一层都必须完成对数据的打包、验证以及传输等相关操作。

（三）以太网 MAC 协议

根据以太网协议其主要任务是对图像数据按照标准以太网帧形式进行报头添加完成封装，以保证数据满足协议规则才能传输，在整个传输系统中以太网 MAC 协议功能的完整性是最复杂也是最重要的一部分。

以太网 MAC 层具备两个关键功能：首先对接收到的或者将要传输的数据进行解封与封装，在用户逻辑部分主要针对接收的原始图像数据进行初步 UDP/IP 协议栈报头的添加，进而发送至数据链路层，对数据进一步分析处理成以太网 MAC 协议中规定的标准数据传输形式，也就是满足“以太网数据帧”。以太网数据帧的标准格式如图 7-11 所示，对需要传输的有效图像数据依次添加诸如 MAC 帧头、地址、数据帧类型以及帧检验序列等字节信息，如此经过打包封装后的图像数据能够确保该数据帧准确可靠地从数据链路层发送至物理层。其次，具备介质访问控制功能，定义数据在介质上如何进行传输，包括对数据流量进行控制、实现 MAC 地址检测、线路控制以及出错通知等功能。

前导码 7 字节	帧起始符 1 字节	目的地址 6 字节	源地址 6 字节	帧类型 2 字节	待发送数据 46~1500 字节	帧校验序列 4 字节

→发送顺序

图 7-11　以太网数据帧格式

由此可知，以太网 MAC 协议的功能是进行字节信息的处理以及介质访问控制，通过添加或去除相应字段信息，完成图像数据包的封装以及解封，同时支持上层协议封装的图像数据帧的传输以及接收物理层的以太网数据帧等。

四、相机性能测试系统方案设计

要在实验室环境下测试相机的成像性能，就需要一套能够接收、显示和存储相机输出的图像，并且能够对图像数据进行处理和分析的测试系统，帮助研制和测试人员，分析判断相机的成像性能。

航空航天相机成像性能测试系统平台由高对比度黑白条纹靶标（目标物对比度为 1）、平行光管、相机、靶标修正装置以及图像接收及传输装置组成，如图 7-12 所示。将目标物条纹靶标固定于平行光管焦平面处，使用平行光管为航空航天相机提供无限远距离的景物目标。同时，将相机放置在平面转台上，适当调整相机位置使其与平行光管光轴处于同轴状态，在测试中需要满足 CCD 像元行垂直于目标条纹。使用标准光源发出均匀光投射在靶标上，通过平行光管和相机镜头将其成像在相机器件上，经由 FPGA 利用千兆以太网实现自定义 UDP/IP 协议完成图像数据的接收与传输，由计算机经网口接收图像数据显示图像以及 MTF 值的计算。

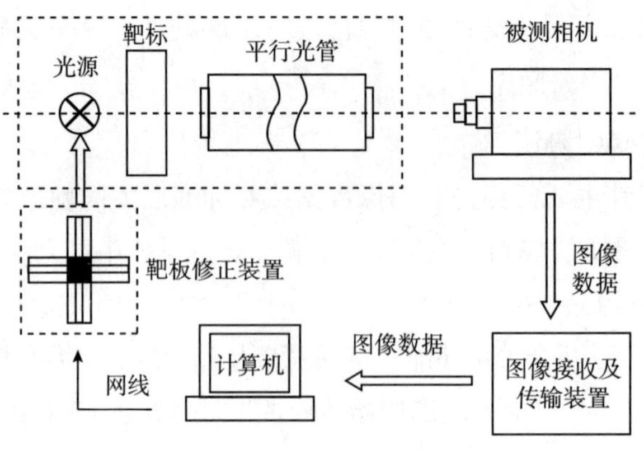

图 7-12　测试系统结构图

第八章　图像处理中的数学形态学

第一节　数学形态学的概述

一、数学形态学的基本概念

（一）数学形态学的历史

数学形态学（mathematical morphology）诞生于1964年，最初它只是分析几何形状和结构的数学方法，是建立在数学基础上用集合论方法定量描述几何结构的科学。1982年，随着Serra的专著《图像分析和数学形态学》的问世，数学形态学在许多领域（如图像处理、模式识别、计算机视觉等）得到广泛应用，此书的出版被认为是数学形态学发展的里程碑。近年来，数学形态学逐渐发展成为数字图像处理的一个重要研究领域，其基本理论和方法在计算机文字识别、计算机显微图像分析、医学图像处理、工业检测、机器人视觉等方面都得到了许多非常成功的应用。

（二）数学形态学的基本概念

数学形态学是由一组形态学的代数运算子组成的，它的基本运算有4个：膨胀（或扩张）、腐蚀（或侵蚀）、开启和闭合，它们在二值图像和灰度图像中各有特点。基于这些基本运算还可推导和组合成各种数学形态学实用算法，用它们可以进行图像形状和结构的分析及处理，包括图像分割、特征抽取、边界检测、图像滤波、图像增强和恢复等。数学形态学方法利用一个称作结构元素的“探针”收集图像信息，当探针在图像中不断移动时，便可考察图像各个部分之间的相互关系，从而了解图像的结构特征。数学形态学基于探测的思想，与人的FOA（Focus of Attention）的视觉特点有类似之处。作为探针的结构元素，可直接携带知识（形态、大小甚至加入灰度和色度信息）来探测、研究图像的结构特点。

1. 构元素

所谓结构元素，就是一定尺寸的背景图像，通过将输入图像与之进行各种形态学运算，实现对输入图像的形态学变换。结构元素没有固定形态和大小，它是在设计形态变换算法的同时根据输入图像和所需信息的形状特征一并设计出来的，结构元素形状、大小及与之相关的处理算法选择恰当与否，将直接影响对输入图像的处理结果。通常结构元素的形状有正方形、矩形、圆盘形、菱形、球形以及线形等。

2. 膨胀与腐蚀

膨胀在数学形态学中的作用是把图像周围的背景点合并到物体中。如果两个物体之间的距离比较近，那么膨胀运算可能会使这两个物体连通在一起，所以膨胀对填补图像分割后物体中的空洞很有用。腐蚀在数学形态学运算中的作用是消除物体边界点，它可以把小于结构元素的物体去除，选取不同大小的结构元素可以去掉不同大小的物体。如果两个物体之间有细小的连通，那么当结构元素足够大时，通过腐蚀运算可以将两个物体分开。

二、数学形态学基础理论

数学形态学是一种数学工具，它以集合观点构建形态基础，对图像进行分析。它不同于传统的数值分析观点，它的运算对象是两个集合：图像集合 A、结构元素 B，其中 A 和 B 都是图像集合。它的基本思想是利用形态学结构元素 B，去提取图像 A 中对应的形状，来实现对图像的分析。数学形态学从集合的角度，来对图像进行分析与识别，已经具备了一套比较完整方法理论知识体系。数学形态学与多种学科交叉，但其基本原理却颇为简单。它的应用可以大大简化图像数据，并且可以保留图像本身的基本形状，滤除多余结构。用数学形态学对二值图像进行处理，就叫作二值形态学。二值图像指的是灰度值只有 0 和 1 两种取值的图像。从图像分割的意义上讲，一般 1 代表分割目标，0 则代表背景。

用集合来表示图像很直接，对图像进行处理就是对集合进行运算。数学形态学认为，利用结构元素对二值图像进行操作，就叫作二值形态学的运算。二值形态学有两对基本运算：膨胀与腐蚀、开启与闭合。用数学形态学对深度图像进行处理，就叫作深度形态学。深度形态学也同样有两对基本运算：深度膨胀与腐蚀、深度开启与闭合。

第二节　图像处理和数学形态学

数学形态学是一门具有成熟的基础理论基础，同时有相对简单的基本理论的学科，它的基本思想是基于集合论的方法对图像进行处理，它的呈现对图像处理的思想和技术产生了潜移默化的影响。

一、数学形态学简介

数学形态学最早诞生于 Minkowski 代数。1964 年，两个为数学形态学的产生和发展做出重要贡献的人，由法国和德国的学者和他们的学生们共同研究数学形态学，同时将其扩展到图像处理领域，他们为数学形态学的发展做了很大贡献，也为其快速的发展做了一定的铺垫。随着数学形态学的慢慢发展，随后就出现了有关二值形态学和灰度形态学的基本概念。

数学形态学处理图像的基本思想就是结构元素的使用，其处理过程是使用结构元素在图像中不断地进行移动和变化，并对指定范围内的相关像素点进行形态转换，因此目的是收集特定的图像信息并分析图像各个区域之间的关系，以便识别图像的结构特征，准确地对它各个方面的关系进行分析和理解，形态学的基本思想如图 8-1 所示。

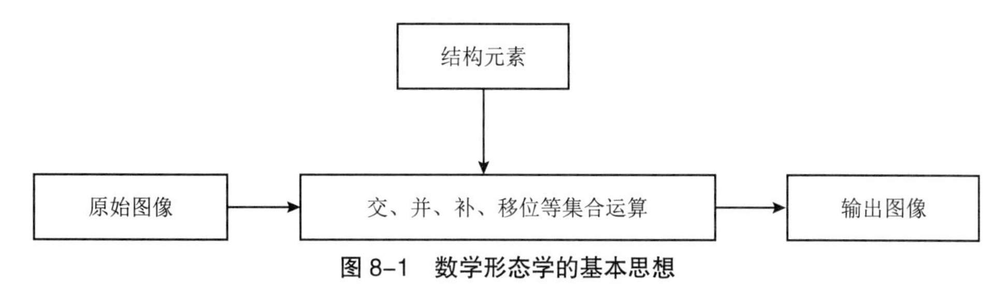

图 8-1　数学形态学的基本思想

结构元素的选择非常重要，可以根据检测到的图像和研究图像的相同结构特征选择不同的方向、不同的比例或不同类型的结构元素。

数学形态学在图像处理过程中，最基础的运算操作主要包括膨胀运算、腐蚀运算、开运算和闭运算。使用这些运算符，或对这些运算符执行一系列组合以形成新的运算符，用来分析和处理图像的形状和结果，一方面可以用来去除噪声，另一方面可以还原和增强图像，最终用以进行特征识别和图像边缘检测等。

二、二值形态学

（一）膨胀腐蚀运算

设 A 和 B 都是要素 2R 的集合，A 和 B 分别为图像矩阵与结构元素矩阵，则 A 被 B 膨胀的解释为：

$$\boldsymbol{A}\oplus\boldsymbol{B}=\left\{ZL(\boldsymbol{B})\ z\cap\boldsymbol{A}\neq\varnothing\right\} \tag{8-1}$$

如果有一个结构要素 B，它最初位于图像的原点处，然后在整个 2R 平面上对 B 进行同方向的移动，当结构元素 B 的原点转移到 *Z* 点时 B 对立于它自己的原点的映像 B 和 A 的交集不能成为空集，即 B 和 A 中至少有一个数量的像素点是聚集在一起的。

（二）开启闭合运算

开启的主要是对图像新进行膨胀后进行腐蚀的过程。运用结构要素 A 被 B 进行开运算操作，表示为 AB，有如下定义：

$$AB = (A\Theta B) \oplus B \tag{8-2}$$

开启运算做一个简单的几何解释，如图 8-2 所示。

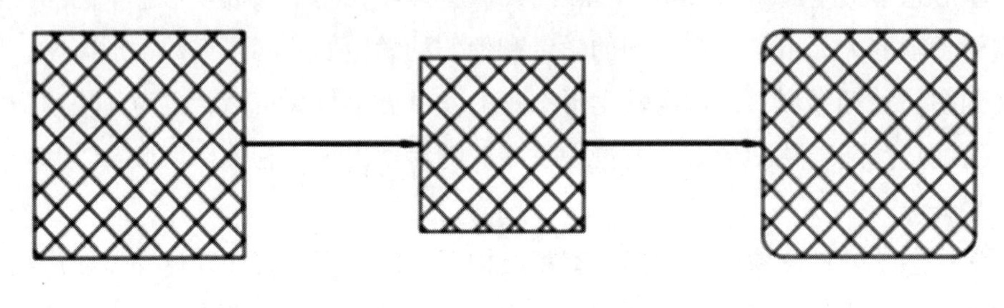

图 8-2　利用圆盘做开运算

首先假想有一个圆盘状的结构要素 B，当它在 A 中的界限内移动时，在 B 的圆周周围上所生成的路线就是用结构要素 B 对 A 进行开运算处理后的结果。

开启该操作将去除图像中的微小连接，小毛刺，孤立的点和小突起，断开细长的重叠部分以起到分离作用，并使图像轮廓平滑。从信号分析的角度来看，打开操作具有类似于低通滤波器的作用，并且可以有效地抵消混合在信号中峰值信号的影响。

闭合运算是开启运算的逆过程，它的运算过程是先对图像进行膨胀在对图像进行腐蚀的过程。运用结构要素 A 被 B 进行闭合运算操作，简写为 A•B，有如下公式：

$$A \bullet B = (A \oplus B)\Theta B \tag{8-3}$$

相对开启运算，我们可以对闭合运算做出下面的几何解释，在这种情况下就是在集合 A 的外边界来转动 B，如图 8-3 所示。

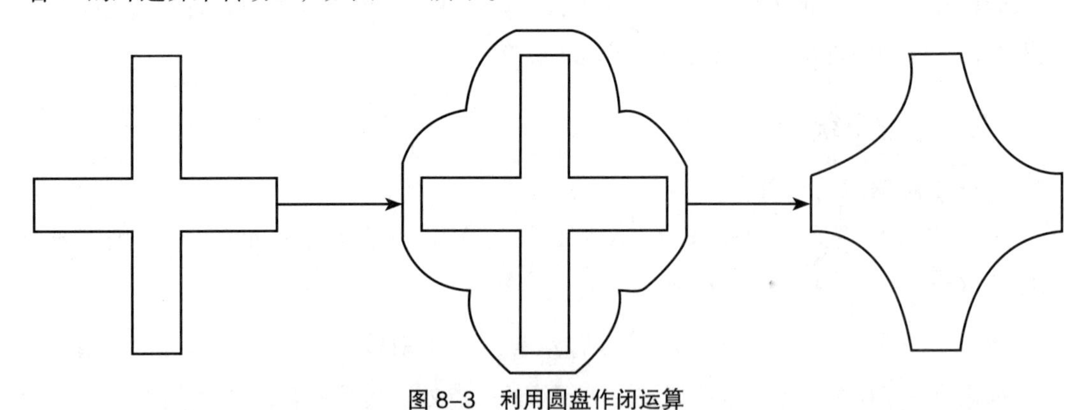

图 8-3　利用圆盘作闭运算

闭合操作也可以使图像轮廓平滑，但是与开启操作不同，它可以通过填充目标中的一些小间隙或小孔来去除原始图像的小孔和四个部分，并且可以覆盖目标中的小间隙，可以对图像中的间断起到一定的连接作用，图 8-3 是进行闭合操作的示例。

三、灰度形态学

在现实生活中碰到的好多图像都是原始的灰度图像，在一定程度上有必要将二值形态学用灰度形态学来表示。两种形态学方法之间的本质区别就是对结构元素和处理对象的选择。

（一）灰度膨胀与灰度腐蚀

当将二元膨胀和腐蚀操作导出到处理灰度图像的范围时，二值形态学中用极大极小运算来代替交并运算，原图像用 $F=f(x,\ y)$ 来表示，$B=b(x,\ y)$ 被用来表示结构元素，原图像通过使用上述结构元素来进行灰度的膨胀和腐蚀，可以表示为下面两式：

$$(f\oplus b)(x,y)=\max\left\{f(x-i,y-i)+b(i,j)\mid(i,j)\in D_b,(x-i,y-i)\in D_f\right\} \tag{8-4}$$

$$(f\Theta b)(x,y)=\min\left\{f(x+i,y+i)-b(i,j)\mid(i,j)\in D_b,(x+i,y+i)\in D_f\right\} \tag{8-5}$$

这里 D_f、D_b 分别表示 $f(x,\ y)$、$b(x,\ y)$ 的定义域，平移参数（$x-i,\ y-i$）和（$x+i,\ y+i$）必须在 $f(x,\ y)$ 的定义域内。

从上面的方程式中，我们可以清楚地看到灰度扩展的几何含义。计算点（$x,\ y$）的扩展结果是计算以该点为中心的结构元素的尺寸范围内的点的灰度值与该结构元素中的对应点的灰度值之和，然后将最大值作为最终结果，因此，如果结构元素的值在定义域范围内为非负值，则开操作后获得的图像将比原始图像明亮。类似地，计算该点的腐蚀结果的方法是计算在以该点为中心的结构元素的尺寸范围内的点的灰度值与该结构元素中的对应点之间的灰度值之差，然后取最小值作为最终结果，定义字段的范围为非负数，则开操作后图像将比原始图像暗。

开启操作会削弱小于结构元素尺寸的灰色图像中的深色部分，并且生成的图像倾向于比原始图像更亮；另外，腐蚀操作会削弱明亮部分小于结构元素大小的区域，因此生成的图像往往比原始图像更暗。

（二）灰度开闭运算

类似于二元形态学，灰度打开操作和关闭操作也由灰度扩展操作和灰色腐蚀操作组成，两者的定义如下。

设 $F=f(x,\ y)$ 为原始灰度图像，$B=b(x,\ y)$ 为结构要素，这样对于灰度图像的开启运算可以简写为 fb，公式如下：

$$fb=[f(x,\ y)\Theta b(x,\ y)]\oplus b(x,\ y) \tag{8-6}$$

通过上面扩展运算的定义可知，二值开启运算与灰度开启运算在运算过程中是相通的，其基本原理都是运用结构元素对原始图像进行膨胀腐蚀的过程。同样，可以得到灰度闭运算的定义，把灰度图像的闭运算记为 fb，公式如下：

$$f\bullet b=[f(x,\ y)\Theta b(x,\ y)]\Theta b(x,\ y) \tag{8-7}$$

为了对灰度图像形态学的上述几种基本运算进行辨别，下面我们将使用半径为 3 的方形结构要素对试验图像复合绝缘子图片进行 MATLAB 仿真实验，仿真结果如图 8-4 所示。

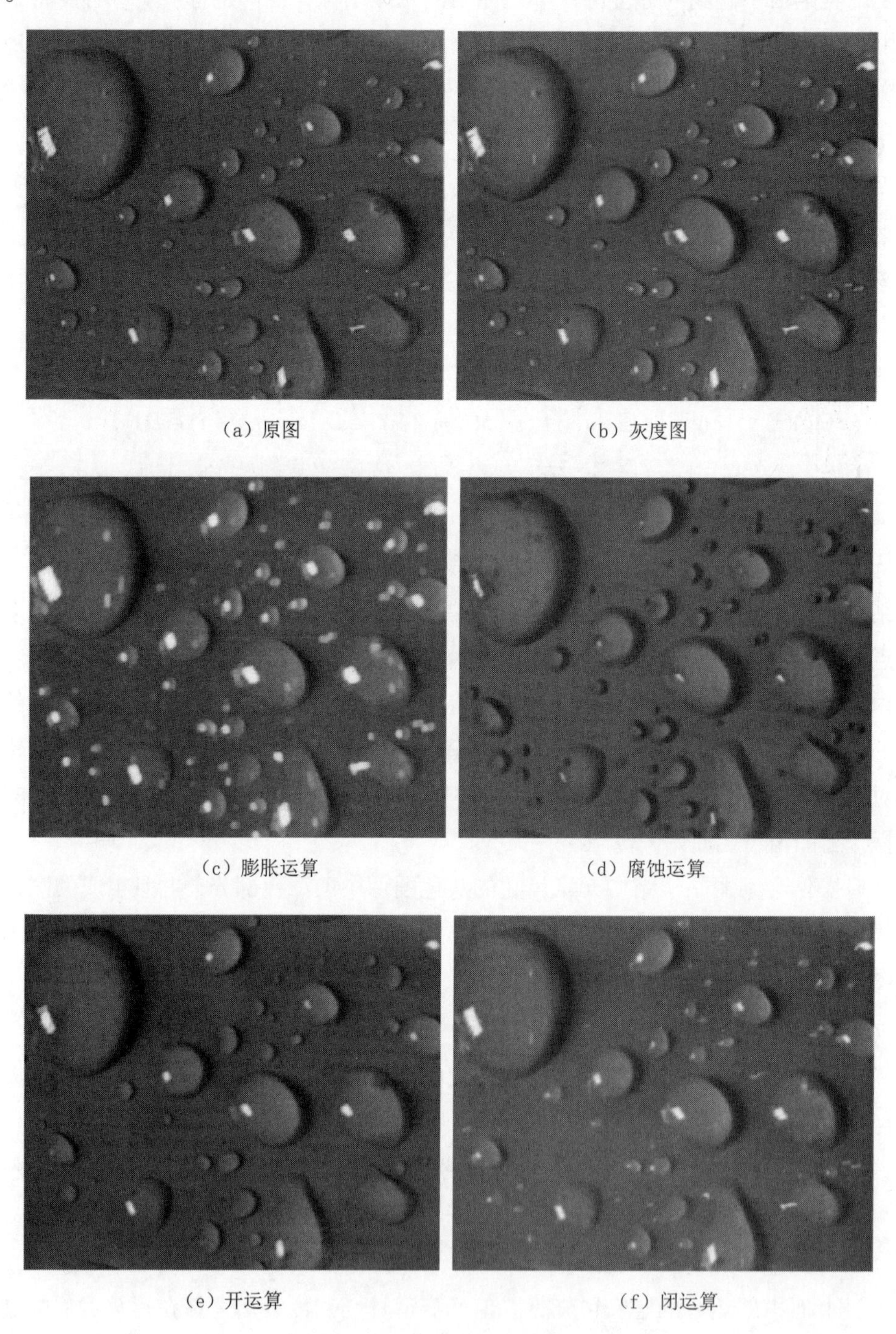

（a）原图　（b）灰度图

（c）膨胀运算　（d）腐蚀运算

（e）开运算　（f）闭运算

图 8-4　图像灰度形态运算

从图 8-4 中可以发现，膨胀后的图像比原始图像更为明亮，一些小的暗区域（与结构元素的大小相比）几乎清晰。腐蚀后的图像比原始图像暗，一些小明亮区域的亮度明

显不足。操作会删除较小的亮区，同时删除范围更大，灰度级更高的亮区，功能基本上保持不变，腐蚀操作会通过滤除较小的亮点来降低图像的亮度，因此无法再进行膨胀操作后恢复已过滤的较小的明亮细节，而只能恢复较大的明亮细节，闭合算法会滤除图像中的较小细节，相对保留整体灰度级别和较大的暗区属性。膨胀操作可去除较小的黑暗细节，从而提高图像亮度，因此腐蚀后只能恢复大的暗部细节操作。

第三节　图像处理基本形态学算法

形态学图像处理借助数学理论和几何学分析图像中各组织的形态和结构，它将二值图像看作一个集合，然后通过一定形状点集合的操作，形成包括平移、并集、交集、补集等各种运算，从而实现不同的目的。我们将这样的点集合称作为结构元素，类似于前文内容中的模板，也是通过与像素之间进行有规则的运算来完成处理目的。结构元素的形状大小取决于图像分析的目的，根据预期目的构造不同的结构元素与图像相互作用，可得到不同的分析结果。通常情况下，结构元素的选取需要遵循以下两个原则：其一，结构元素的尺寸要明显小于目标图像；其二，结构元素应该具有凸性特征，常用的有圆形、矩形、菱形、十字形等形状。另外，对于每个结构元素，必须指定其原点位置，作为在图像中运行时的参照点，具体问题不同，则选择的原点也不同，通常将原点放在结构元素的对称中心处。

一、图像处理形态学算法

考虑到图像分割后缺陷出现次数最多的几种情况，引入了四种处理方法，分别是膨胀、腐蚀、开操作和闭操作。其中，开操作和闭操作是在膨胀和腐蚀的基础上实现的，将分割处理后的二值图像用集合 $\boldsymbol{A}$ 表示，集合 $\boldsymbol{B}$ 表示选取的结构元素。

（一）腐蚀

腐蚀是一种将图像中的目标进行收缩或者细化的操作，其收缩的程度由结构元素的形状尺寸来决定。令 $\boldsymbol{A}$ 和 $\boldsymbol{B}$ 是二维欧几里得空间 Z^2 中的子集合，则 $\boldsymbol{B}$ 对 $\boldsymbol{A}$ 的腐蚀表示为：

$$\boldsymbol{A}\Theta\boldsymbol{B}=\{ZL(\boldsymbol{B})_z\ \ \boldsymbol{A}\} \tag{8-8}$$

其中，z 表示腐蚀算法的平移量。上式指出，$\boldsymbol{B}$ 对 $\boldsymbol{A}$ 的腐蚀是 $\boldsymbol{B}$ 经过平移后仍属于 $\boldsymbol{A}$ 中所有点的集合。

腐蚀能够去除图像中的多余信息，例如，一些碎点、毛刺等，去除目标物的大小取决于结构元素。另外，腐蚀还有一个很重要的作用，当线束各线芯之间存在细小的连通部分时，可以通过选择较大的结构元素来腐蚀掉该区域，从而可以将不同线芯分割开来，但值得注意的是，结构元素选择过大，将会破坏图像区域的形状，细节特征部分会有严重的变形，基于此原因，系统采用了如图 8-5 所示对称的结构元素。

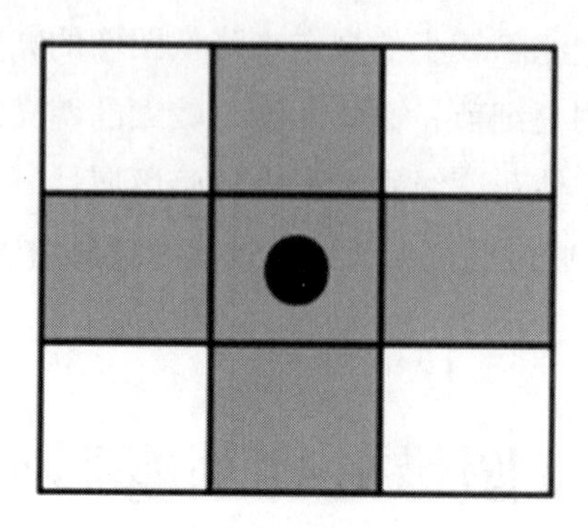

图 8-5　结构元素

（二）膨胀

膨胀是腐蚀的对偶运算，是将图像中的目标进行扩张或者粗化的操作。*B* 对 *A* 的膨胀可以表示为：

$$\boldsymbol{A} \oplus \boldsymbol{B} = \{z|(\hat{B})_z \cap \boldsymbol{A} \neq \varnothing\} \tag{8-9}$$

上式可以解释为 **B** 关于其原点翻转所得到点的集合，经过平移后与 **A** 的交集不为空集，**B** 对 **A** 的膨胀则是所有位移 *z* 的集合。系统采用的是与腐蚀操作同样的结构元素，因为其关于原点对称，因此 **B** 与 **A** 完全相同。

膨胀能够扩大图像的组成部分，因此可以用于填充图像中小于结构元素的孔洞。另外，膨胀常用于连接图像中线芯边界的裂缝，较好地解决了因线芯边界不闭合导致测量的线芯数目与实际不相符的问题。

（三）开操作与闭操作

开操作与闭操作是由腐蚀和膨胀定义的运算，结构元素 *B* 对图像 *A* 的开操作，`用符号 *A* ○ *B* 表示，其定义如下：

$$A \circ B = (A \Theta B) \oplus B \tag{8-10}$$

开操作就是 *B* 先对 *A* 腐蚀，紧接着用 *B* 对结果进行膨胀。闭操作是开操作的对偶运算，也就是 *A* 先被 *B* 膨胀，然后用 *B* 对结果进行腐蚀，类似的，结构元素 *B* 对图像 *A* 的闭操作，用符号 *A*•*B* 表示，其定义为：

$$A \bullet B = (A \oplus B)\Theta B \tag{8-11}$$

开操作和闭操作都会平滑物体的轮廓，但开操作通常用来把结构元素小的凸刺滤除并断开图像中较窄的连接部分，而闭操作则可以用来填充小的孔洞和缺口并弥合图像中较窄的连接部分。

二、数学形态学在数字图像处理中的基本应用

（一）数学形态学在图像平滑处理中的应用

图像的形态平滑是一种图像过滤技术。在灰度图像中，噪声和周边像素之间存在鲜

明的反差。在空间上，噪声是一种突变的梯度。通过一次推导，就可以很容易地对这些杂散点的几何特征进行分析。用形态学方法来平滑图像，就可以先把图像打开，这样可以让背景和噪声的过渡变得比较平稳，再用关闭运算来关闭噪点附近的噪声像素，从而消除图像中的噪声。

在图像处理过程中，形态学上的开式运算会对整个图像亮度造成一定影响，从而使亮部的亮度降低。而关闭的动作，就是将黑暗部分的细节，全部照亮。因而，在图像中滤波消除噪声的处理可以有效地降低整个图像的细节。

（二）数学形态学在图像边缘检测中的应用

1. 图像边缘的定义

在图像处理中，边缘所描绘的是一幅图像的本质特性。该方法可以反映图像中的非连续性灰度。边界的出现，会将物体、背景等物划分成不同区域。从这些图像的特点中，可以得到大量的信息，在对图像的边缘进行研究的过程中，可以解决很多生活中的问题。所以，在实际对图像处理的过程中，边缘的提取是一个非常重要的问题。

从人的角度来考虑问题，之所以会出现图像的边缘，更多是因为光线的问题。而在电脑处理系统中，影像的边沿应视为一组不连续的像素点。相对来说，图像的边界比较复杂，它包括了许多不同的场景。

从观察图像的边缘看，当灰度图像中的像素值发生突变时，其边缘就会出现。一般地，通过对灰度图像的像素值的改变进行观测，就能得到边界的位置信息。这种边界的改变可以用一次和二次微分来表示。基于这一梯度变换，针对文本图像的边缘检测，很多学者开始研究开发了大量的算子，目的就是能够对这些图像进行处理。

在形态学的图像处理中，图像是一组非线性的集合。可以代表这个集合中物体的形状，纹理，体积，颜色等。在形态转换过程中，将图像的结构要素转化为形态学，从而获取其图像特征。

2. 结构元素的选取

在进行图像处理时，要选用最好的图像处理方法与结构要素相匹配，以达到更好的处理效果。在对构件进行设计时，应充分考虑构件的大小和外形。大小对形态图像的清晰度和细节都有一定影响。

（1）结构元素的形状选择。通常，在选择结构要素时，可以忽略其外形。然而，现实中所选择的结构要素必须与所要处理的掩膜图像相适应。因此，在进行实际选择时需要考虑以下两方面因素。

①所选的构造要素为对称。如果不对称，将会影响掩膜的处理效果，使其产生位移。

②结构元素的形状。在进行图像处理时，所选取的结构要素通常具有对称性。在此步骤中，在图像结构较长的情况下，应优先采用线段形式的结构要素。总体来说，根据掩膜图像的结构特点，选择了结构要素。

（2）结构元素的尺寸选择。在选取结构要素形态时，需要充分考虑掩膜图像的构造特性，进而根据该特性来确定结构要素的外形。当尺寸过小时，不能用闭合运算很好地结合断口，同时，开运算也很难有效地消除大面积凸出物。当尺寸较大时，使用关闭操作会使断裂边缘过分粘连，打开操作则会使图像中的大部分碎片脱落，严重时会造成图像断裂。

3. 基于单尺度、单结构的抗噪性边缘检测

在形态学的边缘提取中，须同时兼顾图像的噪声和形态处理的结构要素。在图像处理过程中，噪声是无法避免的。所以，在图像处理中，降噪是一个重要的课题。选择形态合理的结构元素对整个降噪来说很重要。通过查阅文献可知，开、闭运算以及它们的联合操作都能有效地抑制图像中的噪声。通过对边缘检测算子的改进，得到了更好的抗噪声边缘检测算子。

4. 基于多尺度单结构的抗噪型边缘检测

类似于人的视觉系统寻找物体，在形态学的边界提取中，首先利用大型结构单元来确定边界，再利用小规模的构造单元对边界区域进行精细处理。在此尺度转换后，利用多尺度的边缘检测技术来检测图像的边缘。在形态学转换的结构要素中，大型结构要素能够较好地滤除噪声。但大规模的过滤也有其不足之处，许多细节都会被大型结构元件所处理。

5. 基于单尺度多结构的边缘检测

在单一尺度多结构的形态学边缘检测算子中，由于结构部件的比例变化，导致边缘特征的大量丢失。由于图像的边缘提取采用了统一的结构，因此尽管在细节上得到了很大的改进，但对噪声的抑制作用却并没有太大影响。图像中的噪声有多种形式，难以用单一的结构元素来消除。图像中噪声的产生的是随机的，边缘之间存在一定的应力关系。按结构图比对在探索图像结构时，总是有可能查找具有相似几何特征的边点。所以，采取不同的方法，根据形状的结构元素，也可以改变结构单元的方向实现组合，这两者都能有效地降低边缘信息的损失。

数学形态学是一种有一定理论依据的非线性系统。该方法经常被运用到图像处理、模式识别、机械视觉等领域。数学形态学主要是通过观察图像整体的结构，然后对其进行简化处理。数学图像的处理也是在构造单元对的基础上，通过逐个点的搜索来展开的交、闭操作，这为我们进行图像几何学的了解和学习提供了一种新的方式。

三、线性代数在数字图像处理中的应用

计算机与数学是密不可分的。随着计算技术的发展和计算机的普及，线性代数作为计算机专业的一门重要公共基础课程日益受到重视。目前，在计算机专业本科教学中，线性代数与计算机专业课程就像两个孤岛，线性代数由数学专业老师授课，计算机专业

课程由计算机专业教师授课，每个老师守在各自的孤岛上，能把自己的孤岛打理好已属难得，对于孤岛中的学生实在无力顾及。针对这样的孤岛现象，将线性代数的矩阵理论与计算机专业中数字图像处理的知识进行了点对点的衔接，并利用 MATLAB 加以实验，使学生对抽象的线性代数理论知识的实际应用有直观、具体的认识。

（一）矩阵理论在数字图像处理中的应用

1. 二维图像——一个矩阵

一幅图像 $f(x, y)$ 经过采样和量化处理后得到一幅数字图像 $g(x, y)$，设采样后的图像 $g(x, y)$ 有 m 行 n 列，则图像 $g(x, y)$ 本质是一个 $m\times n$ 矩阵，即：

$$\begin{bmatrix} g(0,0) & g(0,1) & \cdots & g(0,n-1) \\ g(1,0) & g(1,1) & \cdots & g(1,n-1) \\ \vdots & \vdots & & \vdots \\ g(m-1,0) & g(m-1,1) & \cdots & g(m-1,n-1) \end{bmatrix}$$

矩阵中的每个元素为图像的像素，坐标（x, y）处的值 $g(x, y)$ 为灰度级值，如图 8-6 所示，灰度图像 $I(x, y)$ 是一个 256×256 矩阵：

$$\begin{bmatrix} 162 & 162 & 161 & \ldots & 162 & 143 \\ 162 & 161 & 161 & \ldots & 172 & 155 \\ 161 & 161 & 160 & \ldots & 145 & 124 \\ \vdots & \vdots & \vdots & & \vdots & \vdots \\ 41 & 56 & 54 & \ldots & 102 & 104 \\ 40 & 56 & 55 & \ldots & 105 & 103 \end{bmatrix}$$

灰度级值 $0\leqslant I(x, y)\leqslant 255$，0 代表黑色，255 代表白色。

程序代码：f=imread(‘lena.jpeg’)；imshow(f)

f1=imread(‘qipan.png’)；

I=rgb2gray(f)；imshow(I)

图 8-6　数字图像 $g(x, y)$ 和灰度图像 $I(x, y)$

2. 图像相加——矩阵的加法

两幅图像相加，本质是两个矩阵相加，规则和两个矩阵加法运算的规则类似，要求两幅图像的大小和尺寸相同，其次将对应位置的像素值求和。两幅灰度图像相加与两个矩阵相加的区别是，对应位置的像素值求和的灰度值大于255规定为255，小于0规定为0。

如图 8-7 所示，两幅尺寸为 256×256 灰度图像 $I(x, y)$）和 $I_1(x, y)$ 相加的结果为灰度图像 $I_2(x, y)$，即：

$$\begin{bmatrix} 162 & 162 & 161 & \cdots & 162 & 143 \\ 162 & 161 & 161 & \cdots & 172 & 155 \\ 161 & 161 & 160 & \cdots & 145 & 124 \\ \vdots & \vdots & \vdots & & \vdots & \vdots \\ 41 & 56 & 54 & \cdots & 102 & 104 \\ 40 & 56 & 55 & \cdots & 105 & 103 \end{bmatrix} + \begin{bmatrix} 255 & 255 & 255 & \cdots & 0 & 0 \\ 255 & 255 & 255 & \cdots & 0 & 0 \\ 255 & 255 & 255 & \cdots & 0 & 0 \\ \vdots & \vdots & \vdots & & \vdots & \vdots \\ 0 & 0 & 0 & \cdots & 255 & 255 \\ 0 & 0 & 0 & \cdots & 255 & 255 \end{bmatrix}$$

$$= \begin{bmatrix} 255 & 255 & 255 & \cdots & 162 & 143 \\ 255 & 255 & 255 & \cdots & 172 & 155 \\ 255 & 255 & 255 & \cdots & 145 & 124 \\ \vdots & \vdots & \vdots & & \vdots & \vdots \\ 41 & 56 & 54 & \cdots & 255 & 255 \\ 40 & 56 & 55 & \cdots & 255 & 255 \end{bmatrix}$$

程序代码：f1=imread(‘qipan.png’)；

I1=rgb2gray(f1)；

I2=imadd(I，I1)；imshow(I2)

（a）灰度图像 I_1（x，y）　　（b）图像相加的结果 I_2（x，y）

图 8-7　两幅灰度图像相加的结果

3. 图像求反——矩阵的减法

图像求反是将原图像灰度值翻转，即将黑变白，将白变黑。假设对灰度级范围是 [0，$L-1$] 的图像求反，就是通过变换将 [0，$L-1$] 变为 [1，$L-0$]，如图 8-8 所示，对灰度图像 $I(x, y)$ 求反，本质为矩阵的减法运算，即：

$$\begin{bmatrix} 255 & 255 & 255 & \cdots & 255 & 255 \\ 255 & 255 & 255 & \cdots & 255 & 255 \\ 255 & 255 & 255 & \cdots & 255 & 255 \\ \vdots & \vdots & \vdots & & \vdots & \vdots \\ 255 & 255 & 255 & \cdots & 255 & 255 \\ 255 & 255 & 255 & \cdots & 255 & 255 \end{bmatrix} - \begin{bmatrix} 162 & 162 & 161 & \cdots & 162 & 143 \\ 162 & 161 & 161 & \cdots & 172 & 155 \\ 161 & 161 & 160 & \cdots & 145 & 124 \\ \vdots & \vdots & \vdots & & \vdots & \vdots \\ 41 & 56 & 54 & \cdots & 102 & 104 \\ 40 & 56 & 55 & \cdots & 105 & 103 \end{bmatrix}$$

$$= \begin{bmatrix} 93 & 93 & 94 & \cdots & 93 & 112 \\ 93 & 94 & 94 & \cdots & 83 & 100 \\ 94 & 94 & 95 & \cdots & 110 & 131 \\ \vdots & \vdots & \vdots & & \vdots & \vdots \\ 214 & 199 & 201 & \cdots & 153 & 151 \\ 215 & 199 & 200 & \cdots & 150 & 152 \end{bmatrix}$$

程序代码：

```
I=double( I );
I3=256-1-I ;
I3=uint8( I3 ); imshow( I3 )
```

图 8-8　灰度图像 $I(x, y)$ 求反后的图像 $I_3(x, y)$

4. 图像变暗或变亮——矩阵的数乘

用一个正数 k 乘以一幅灰度图像，相当于用数 k 乘以一个矩阵，即矩阵的数乘运算。当 $k<1$ 时，图像亮度变暗；当 $k>1$ 时，图像亮度变亮。与矩阵的数乘运算的区别是，结果中像素点灰度值大于 255 规定为 255，小于 0 规定为 0。

如图 8-9、图 8-10 所示，分别用数 k=0.5，2，3 乘以灰度图像 $I(x, y)$ 所得的结果，即：

$$\frac{1}{2}\times\begin{bmatrix}162 & 162 & 161 & \cdots & 162 & 143\\162 & 161 & 161 & \cdots & 172 & 155\\161 & 161 & 160 & \cdots & 145 & 124\\\vdots & \vdots & \vdots & & \vdots & \vdots\\41 & 56 & 54 & \cdots & 102 & 104\\40 & 56 & 55 & \cdots & 105 & 103\end{bmatrix}=\begin{bmatrix}81 & 81 & 81 & \cdots & 81 & 72\\81 & 81 & 81 & \cdots & 86 & 78\\81 & 81 & 80 & \cdots & 73 & 62\\\vdots & \vdots & \vdots & & \vdots & \vdots\\21 & 28 & 27 & \cdots & 51 & 52\\20 & 28 & 28 & \cdots & 53 & 52\end{bmatrix}$$

$$2\times\begin{bmatrix}162 & 162 & 161 & \cdots & 162 & 143\\162 & 161 & 161 & \cdots & 172 & 155\\161 & 161 & 160 & \cdots & 145 & 124\\\vdots & \vdots & \vdots & & \vdots & \vdots\\41 & 56 & 54 & \cdots & 102 & 104\\40 & 56 & 55 & \cdots & 105 & 103\end{bmatrix}=\begin{bmatrix}255 & 255 & 255 & \cdots & 255 & 255\\255 & 255 & 255 & \cdots & 255 & 255\\255 & 255 & 255 & \cdots & 255 & 248\\\vdots & \vdots & \vdots & & \vdots & \vdots\\21 & 28 & 27 & \cdots & 204 & 208\\20 & 28 & 28 & \cdots & 210 & 206\end{bmatrix}$$

程序代码：

```
k=0.5 ; %k=2 ; k=3 ;
I4=immultiply( I, k ) ;
I4=uint8( I4 ) ; imshow( I4 )
```

（a）k=0.5　　（b）k=2　　（c）k=3

图 8-9　灰度图像 $I(x, y)$ 乘以数 k 的结果

$$\begin{bmatrix}162 & 162 & 161 & \cdots & 162 & 143\\162 & 161 & 161 & \cdots & 172 & 155\\161 & 161 & 160 & \cdots & 145 & 124\\\vdots & \vdots & \vdots & & \vdots & \vdots\\41 & 56 & 54 & \cdots & 102 & 104\\40 & 56 & 55 & \cdots & 105 & 103\end{bmatrix}^{T}=\begin{bmatrix}162 & 162 & 161 & \cdots & 41 & 40\\162 & 161 & 161 & \cdots & 56 & 56\\161 & 161 & 160 & \cdots & 50 & 50\\\vdots & \vdots & \vdots & & \vdots & \vdots\\162 & 172 & 145 & \cdots & 102 & 105\\143 & 155 & 124 & \cdots & 104 & 103\end{bmatrix}$$

程序代码：

```
I5=transp( I ) ;
I5=uint8( I5 ) ; imshow( I5 )
```

图 8-10　灰度图像 $I(x, y)$ 转置后的图像 $I_5(x, y)$

5. 图像旋转——矩阵的线性变换

图像旋转是指图像以图像的中心点为中心旋转一定的角度，形成一幅新的图像的过程。旋转前和旋转后的点离中心的位置不变。设原图像的宽为 w，高为 h(x_0，y_0 为原坐标系，以左上角为原点的坐标系）的任意一点（x_1，y_1 为转换坐标系，以图像中心为原点的坐标系，对应于（x_0，y_0）的点，则有：

$$\begin{cases} x_1 = x_0 - \dfrac{w}{2} \\ y_1 = -y_0 + \dfrac{h}{2} \end{cases} \tag{8-12}$$

在新坐标系下，设点（x_1，y_1）距离原点的距离为 r，点（x_1，y_1）与原点连线与 x 轴的夹角为 α，点（x_1，y_1）围绕原点旋转 θ 角后得到点（x_2，y_2），如图 8-11 所示。

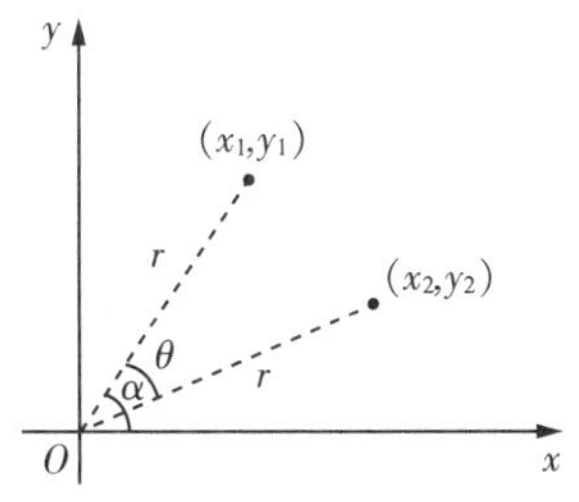

图 8-11　点（x_1，y_1）旋转 θ 角得点（x_2，y_2）

则有：

$$\begin{cases} x_1 = r\cos\alpha \\ y_1 = r\sin\alpha \end{cases} \tag{8-13}$$

$$\begin{cases} x_2 = r\cos(\alpha - \theta) \\ y_2 = r\sin(\alpha - \theta) \end{cases} \tag{8-14}$$

将式（8-13）代入式（8-14）得：

$$\begin{cases} x_2 = x_1\cos\theta + y_1\sin\theta \\ y_2 = -x_1\sin\theta + y_1\cos\theta \end{cases} \tag{8-15}$$

用矩阵表示为：

$$\begin{pmatrix} x_2 \\ y_2 \end{pmatrix} = \begin{pmatrix} \cos\theta & -\sin\theta \\ \sin\theta & \cos\theta \end{pmatrix} \begin{pmatrix} x_1 \\ y_1 \end{pmatrix} \tag{8-16}$$

经过上述分析，可知图像的旋转，实质上是每个像素点矩阵的线性变换，本质运用了矩阵的乘法运算。需要注意的是，旋转后的图像与原图像的尺寸大小发生了变化。

如图 8-12 所示，分别为灰度图像 $I(x, y)$ 顺时针方向旋转 30°、60°，逆时针方向旋转 45° 的结果。

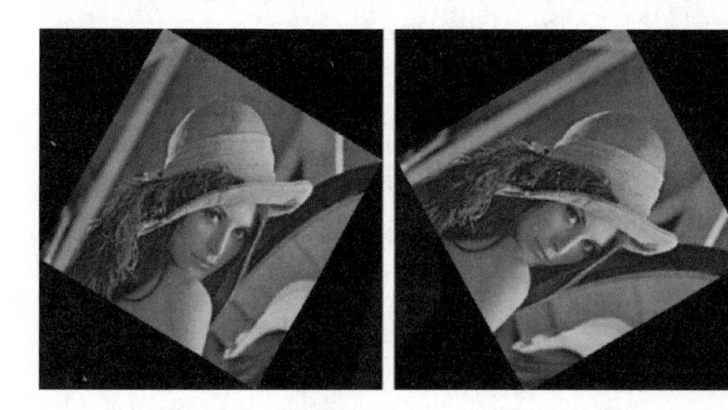
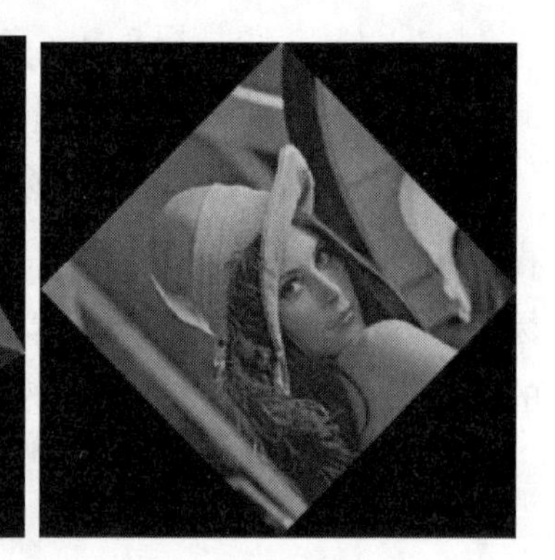

图 8-12　灰度图像 $I(x, y)$ 顺时针旋转 30°、60° 及逆时针旋转 45° 的结果

程序代码：I6=imrotate(I，-30)；

I6=uint8(I6)；imshow(I6)

6.Harris 角点检测——矩阵对角化

图像中的角点是两条或两条以上边缘的交点。Harris 角点检测算子是由 Chris Harris 和 Mike Stephens 于 1988 年提出的，他们在图像中设计了一个局部移动的窗口，窗口在各个方向没有明显灰度变化的为平滑区域，只在某个方向没有灰度变化的为边缘，在任意方向都导致图像灰度明显变化的即为角点，他们用自相关函数构造了 2×2 的 Harris 矩阵。

将矩阵对角化处理，得到两个正交方向的变化量分量，对角线元素即为矩阵的特征值，具体有以下 3 种情况。①直线：$\lambda_1 > \lambda_2$ 或 $\lambda_2 > \lambda_1$。②平面：$\lambda_1 \cong \lambda_2$，且 $\lambda_1 \lambda_2$，均较小。③角点：$\lambda_1 \cong \lambda_2$，且 $\lambda_1 \lambda_2$，均较大。可见，Harris 角点检测算子中应用了矩阵的相似对角化，并利用矩阵的特征值来判断角点。如图 8-13 所示，黑白棋盘网格灰度图像 $I_1(\boldsymbol{x}, \boldsymbol{y})$ 的角点检测结果。

图 8–13　灰度图像 I_1（x，y）的 Harris 角点检测结果

程序代码：C=corner(I1)；imshow(I1)

Hold on

plot(C(　: 1)，C(　: 2),'　r*')；

hold off

参考文献

[1] 李晓芳 . 线性代数在数字图像处理中的应用 [J]. 信息技术与信息化，2021（4）：104-107.
[2] 同济大学数学系 . 工程数学线性代数 [M]. 北京：高等教育出版社，2014.
[3] 姚敏 . 数字图像处理 [M]. 北京：机械工业出版社，2017.
[4] 冈萨雷斯 . 数字图像处理（MATLAB 版）[M]. 北京：电子工业出版社，2005.
[5] 陶金有 . 基于图像处理的自动调焦算法研究及系统实现 [D]. 西安：中国科学院研究生院（西安光学精密机械研究所），2014.
[6] 项魁 . 显微视觉测量系统的自动对焦技术研究 [D]. 广州：广东工业大学，2018.
[7] 马海波 . 病理显微图像的自动对焦及拼接算法研究 [D]. 太原：中北大学，2019.
[8] 葛云皓 . 基于卷积神经网络的病理显微镜自动对焦与全局精准成像研究 [D]. 上海：上海交通大学，2019.
[9] 杜爽 . 液晶透镜自动对焦技术优化研究 [D]. 成都：电子科技大学，2020.
[10] 莫春红 . 基于图像处理的自动调焦技术研究 [D]. 西安：中国科学院研究生院（西安光学精密机械研究所），2013.
[11] 黄德天 . 基于图像技术的自动调焦方法研究 [D]. 长春：中国科学院研究生院（长春光学精密机械与物理研究所），2013.
[12] 张腾腾，刘双广 . 基于聚焦曲面的快速聚焦算法的研究 [J]. 现代计算机，2019，654（18）：12-17.
[13] 李斯文 . 细胞筛选平台显微自动对焦系统研究 [D]. 洛阳：河南科技大学，2017.
[14] 刘璐，闫佩正，但西佐，等 . 自动对焦显微镜系统设计及仿真 [J]. 测控技术，2019，38（7）：50-54.
[15] 毕超，郝雪，李剑飞，等 . 气膜孔图像对焦评价函数的实验研究 [J]. 宇航计测技术，2019，39（6）：77-83.
[16] 叶一青，易定容，张勇贞，等 . 基于倾斜摄像头的显微自动对焦方法 [J]. 光学学报，2019，39（12）：272-280.
[17] 李春桥，许忠保，刘爽，等 . 一种可用于纤维图像的聚焦评价函数 [J]. 棉纺织技术，2019，47（9）：22-27.
[18] 程昊 . 新型数字化显微系统自动对焦研究 [D]. 上海：上海交通大学，2015.

[19] 李成超，于占江，李一全，等 . 微小零件显微检测图像的清晰度评价 [J]. 半导体光电，2020，41（1）：103-107，113.

[20] 高艳红 . 图和数学形态学在图像预处理中的应用研究 [D]. 西安：西安电子科技大学，2014.

[21] 罗秋棠 . 基于灰度形态学重建的图像分割 [D]. 湘潭：湘潭大学，2016.

[22] 黄海龙 . 数学形态学在图像边缘检测和机器视觉中的应用研究 [D]. 沈阳：东北大学，2013.

[23] 肖大雪 . 浅析数学形态学在图像处理中的应用 [J]. 科技广场，2013（5）：10-19.

[24] 赵慧 . 基于数学形态学的图像边缘检测方法研究 [D]. 大连：大连理工大学，2010.

[25] 程一斌 . 模糊数学理论在图像处理中的应用 [J]. 南京广播电视大学学报，2002（2）：45-46.

[26] 唐小纯 . 应用数学理论和方法在机械加工过程的应用——评《机械应用数学教程》[J]. 铸造，2021，70（6）：774.

[27] 马宁 . 图像处理应用中数学形态理论的应用分析 [J]. 科技展望，2016，26（3）：203.

[28] 王书强 . 基于模糊集理论的图像处理与控制方法研究 [D]. 北京：北京交通大学，2020.

[29] 吴丹，刘修国，尚建嘎 . 数学形态学在图像处理与分析中的应用及展望 [J]. 工程图学学报，2003（2）：120-125.

[30] 李亚龙 . 多功能应用数学及图像处理软件理论分析 [J]. 数学学习与研究，2016（3）：127.

[31] 贾永红 . 数字图像处理混合教学的研究与实践 [J]. 测绘通报，2022（2）：174-176.

[32] 季亚男，刘光远，陈通，等. 运动模糊图像经典复原算法 [J]. 西南大学学报（自然科学版），2018，40（8）：162-171.

[33] 章毓晋. 图像处理 [M]. 北京：清华大学出版社，2015：61-71，104-121.

[34] 王斌. 数字图像中典型去噪算法的分析比较 [J]. 智慧工厂，2015（10）：3.

[35] 张晓康，李小平. 浅析模糊图像复原方法 [J]. 现代计算机（专业版），2018（14）：38-42.

[36] 齐艳丽. 三种图像去噪方法的比较研究 [J]. 科技视界，2019（26）：24-25.

[37] 周军，韩森. 运动模糊角度检测的两种改进方法 [J]. 光学仪器，2019（2）：17-22.

[38] 张玉叶，周胜明，赵育良，等. 高速运动目标的运动模糊图像复原研究 [J]. 红外与激光工程，2017（4）：257-262.

[39] 袁江琛. 运动模糊图像的恢复方法及其优化 [J]. 智能计算机与应用，2018（6）：116-118，123.

[40] 于志军，李小平，张晓康. 运动模糊参数优化的图像复原方法 [J]. 兰州交通大学学报，2018（4）：45-50，77.

[41] 付莉，付秀伟，陈玲玲. 基于图像处理的车牌识别技术 [J]. 吉林化工学院学报，2019（3）：42-46.

[42] 佀君淑，张建文 . 智能交通中图像处理技术应用综述 [J]. 科技风，2017（11）：87.

[43] 王建功 . 数字图像处理技术用于智能交通 [J]. 电子技术与软件工程，2017（9）：69.

[44] 邹子聪，皮旸 . 图像处理技术在智能交通中的应用探讨 [J]. 中国高新技术企业，2017（3）：41-42.

[45] 张译方 . 图像处理与图像识别新技术在智能交通中的运用与实践研究 [J]. 商，2016(7)：227，207.

[46] 陈宁宁，尹乾，周媛，等 . 数字图像处理技术在智能交通中的应用 [J]. 电子设计工程，2013，21（3）：10-11，14.

[47] 文晶 . 计算机技术在图形图像处理中的应用 [J]. 科学技术创新，2019（2）：87-88.

[48] 诸葛晓强 . 融媒体环境下媒体技术的创新与发展研究 [J]. 活力，2019（6）：34.

[49] 袁霞 . 媒介传播中图形图像处理的应用探究 [J]. 计算机产品与流通，2016（3）：26.

[50] 方芳 . 新媒体时代计算机图形图像处理技术在传媒中的应用 [J]. 电子技术与软件工程，2018（24）：127-128.

[51] 银育哈 . 计算机图形图像处理技术在视觉传达系统中的应用 [J]. 科技风，2018（21）：76.